雙定位

中國新經濟下的企業轉型危機

隨著新經濟時代到來，中國舊有的優勢已不復存在，
光會打價格戰已無出路，需要的是重新定位自己的品牌！

韓志輝，雍雅君 著

中國為何出口形勢嚴峻？
根本原因在：低階產品無成本優勢，高階產品無科技優勢！
面對嚴峻的情勢變化，
中國企業唯有仰賴「品牌雙定位」才能屹立不倒！

崧燁文化

目錄

前言

第一章　中國製造業發生的深刻變化

第二章　大企業意識不到的危機

目錄

目錄

第七章　價值定位：為什麼買你的產品？

後記

所有定位策略成功的企業，本質上是雙定位的成功！

新經濟時代，轉變品牌策略思維方式已經刻不容緩！

前言

雙定位：新經濟時代品牌策略利器

過去四十年，中國經濟從嚴重的物質短缺到極大的商品過剩，那些在競爭風浪中存活下來的企業，很大部分是因為大投入的廣告做得好。而在無處不在的廣告大戰中，也有許多企業因為不會做廣告，投入鉅額資金卻沒有效果，結果把企業拖垮。在眾多廣告行銷的觀點中，定位理論被很多人奉為廣告「聖經」。定位理論強調在資訊混亂的時代，廣告要聚焦，要進入消費者內心。

網路資訊時代的到來，宣告了傳統廣告時代的終結。

然而，隨著網路資訊時代的到來，首先是報紙雜誌發行量急速下滑，願意投放到紙媒的廣告越來越少；電視功能被手機取代，電視廣告隨之被冷落；網路廣告少有點擊或者乾脆被封鎖。資訊傳播正在發生一輪又一輪的顛覆，傳統廣告時代的無奈終結，宣告了定位理論產生的土壤已不復存在。

前言

新技術、網路、新經濟，必將帶來行銷思維的一場革命。

企業的職能發生了重大變化，廣告不再是推動企業發展的重要力量。中國企業擁有了全球化視野，競爭不是發生在圍牆之內，而是發生在世界各地。當許多企業還在孜孜矻矻於完善舊有的產品、舊有的體系時，突然發現，所有原來架構的體系，瞬間失去了意義。

走在時代尖端的企業家，將創新和變革作為第一主題，發力點不再是對於需求側的刺激，而是基於全球視野，基於供給側的創新與變革。

古語曰：「行有不得，反求諸己。」經濟和企業發展也是如此，當我們對需求側的刺激已經不能產生作用的時候，當一些重要的產業在全球價值鏈上依然處於弱勢的時候，要「反求諸己」，企業供給側改革就是「向內求」的重要理論依據。企業注重供給側的創新與變革，目光不再僅盯著如何更好的滿足現有的需求，而是從企業內部發力，以匠心精神，重構企業核心競爭優勢，為社會和世界帶來更具超越性的價值。

伴隨著網路新經濟時代的到來，是新常態下的供給側結構性改革，經濟發展從追求速度轉向追求內涵，傳統的利用廣告等刺激需求側的行為，其效果日趨減弱。

企業供給側改革就是「向內求」的重要理論依據。

顛覆性的業務創新讓市場進入屬類行銷時代！

未來的企業具有如下特徵：全球化視野與整合，顛覆性的變革與創新，企業領導者從商人走向企業家。「唯利是圖」者僅是商人，企業家要具有更高的視野和自我革新能力，華為、小米、騰訊、阿里巴巴……如果沒有不斷的自我革新，走不到今天。

隨著中產階級的崛起，中國國內生產毛額（GDP）已達到享受消費性階段。外商企業開始轉入內銷市場，就是看到了中國生活品質的提升。新消費呼喚更高的品質、更好的產品、更優秀的品牌，企業必須進行顛覆性的業務創新，否則，五年內必將被時代淘汰。

顛覆性的業務創新需要全新的市場行銷思維。如何將新產品價值、新業務新模式的價值轉化為市場價值和品牌價值，快速被市場認知和接受？這就要具有使用者思維，站在消費者角度，用市場語言告訴消費者：你是什麼。顛覆性的技術和業務必須用顛覆性的屬類創新。屬類創新不同於傳統所講的品類創新，品類創新是基於原有品類的不斷分化和細分，屬類創新是對原有品類的顛覆。

顛覆性的業務創新讓市場進入屬類行銷時代！

企業需要用顛覆性的屬類創新突破現有的行業競爭框架，擺脫多年來形成的陳舊思維模式，擺脫眾多行業進入成熟期甚至衰退期的無奈；用屬類創新實現行業和產品生命週期的轉換，開拓全新的廣闊市場。

雙定位：新經濟時代的品牌策略利器。

新經濟正在以前所未有的速度為中國經濟發展帶來新動能。對於製造業而言，新經濟的核心是創新：產品從無到有需要創新，規模由小變大需要創新，品質由低到高需要創新。勢力由弱至強需要創新；成長實現新舊動能轉換，只有依靠持續創新。現實也顯示，只有創新才能解決複雜困難，化解問題矛盾，提高品質等級，提升境界水準。新常態下的經濟成長必然是一個創造性破壞的過程，即在傳統成長動能變弱的同時，新動能開始蓄勢而發。

雙定位理論對品牌策略的思考從供給側開始，將企業的創新和突破與屬類定位結合起來。只有供給側的創新，才能創造全新的屬類，帶給消費者更高的價值、全新的價值，改變消費者原有的消費者觀念，再造消費者心理。

品牌是企業發展的核心策略，品牌也是消費者關注的價值高地。雙定位理論是從市場角度提出的兩個問題，企業在打造品牌策略時，要充分關注消費者價值，在消費者當中找到既有認知又有區隔的價值高地。因為有供給側創新的屬類定位，從而將帶給消費者差異化價值；既要告訴消費者品牌聚焦的屬類，同時傳遞給消費者不一樣的價值。

唯有差異化的屬類，能夠創造差異化價值。

價值定位是針對消費需求的轉型升級，運用品牌經濟規則，為建立和累積競爭優勢而實施的品牌策略。新的屬類必然帶來新的消費價值和體驗。換言之，提升品牌價值，要從提升屬類定位開始。

雙定位理論的權威性來源於實踐和實戰的檢驗。雙定位理論體系，工具和方法經過了十年的實踐證明，成功指導了眾多的品牌走出困境，建立了長期的差異化優勢。

前言

第一章
中國製造業發生的深刻變化

第一章　中國製造業發生的深刻變化

中國的經濟發展方式正在從要素驅動向創新驅動、從數量擴張向品質提升轉變。顯然，這不是靠低廉的勞動力、粗放的發展方式能夠實現的。中國製造業發展策略基點正在發生深刻的轉變。

中國充分利用低廉的勞動力要素優勢和人口的龐大消費市場，實現了工業產品總量從小到大的轉變，工業增加值平均每年成長 9.7%。到 2010 年製造業產值在全球占比超過美國，成為製造業第一大國。目前，在五百多種主要工業產品中，中國兩百二十多種工業產品產量位居世界第一位，工業產品總量超越的任務已經基本完成。

近年來，隨著中國勞動力人口的減少和勞動力成本的上升，許多人認為製造業成本隨之提升，又缺乏科技創新能力，因此對中國製造業的未來充滿憂慮。

新一代的中國已經明確提出，中國的經濟發展方式正從要素驅動向創新驅動、從數量擴張向品質提升轉變。顯然，這不是靠低廉的勞動力能夠實現的。中國製造業發展策略基點正在發生深刻的轉變。在這一輪經濟變革中，傳統中國製造企業正面臨著種種變化所帶來的危機。

「價格戰」沒有出路，品牌經濟時代已來

在中國改革開放初期，價格戰成為中國商業最大的競爭優勢。在各方面條件的作用下，中國承接了製造業的第四次大轉移（第一次從歐洲轉向美國；第二次從美國轉向日本；第三次從日本轉向「亞洲四小龍」；第四次轉移到中國）。龐大的人口紅利、低廉的勞動力價格和優惠的政策支持，使中國逐漸成為世界製造業中心，在不斷占領世界市場的同時，中國的商業也獲得了飛躍式的發展，並崛起了一批知名企業。但是，「中國製造」一度成為高消耗、低價格、低附加價值的代名詞，如今這種以「價格戰」獲得的競爭優勢正快速失去，而且這樣的成長方式已經為中國製造業帶來了極大的隱患。

近年來，「供給側改革」成為全社會的「理論話語」。作為企業的服務人，我們最關注的是，中國企業在這場供給側結構性改革中應該做什麼？應該怎麼做？

對於企業來說，重點應關注兩個要素，一個是供給側的「創新」要素，另一個是需求側的「消費」馬車。中國改革開放的四十年裡，從需求極度短缺到極度過剩；從「好酒不怕巷子深」到「皇帝的女兒也愁嫁」；市場競爭從初級買賣到點子呼攏，從「賣點傳播」到「定位制勝」，從廣告燒錢到市場企劃，從通路制勝到終端為王，從一線到二線到三線到農村……中國企業做了

太多針對消費者的「需求側」刺激。

經濟繁榮了，人們有錢了，企業才發現，消費者越來越挑剔了，廣告不信了，促銷不靈了，產品品質不得不規範了，企業利潤卻越來越薄了。企業對於需求側的刺激果真不靈了。出路在哪裡？「供給側改革」是一條求生之路嗎？

企業供給側改革如何創新？新技術、新模式、新概念、新業態、新品類……所有這些創新，能否為企業帶來新的市場、新的生機？

中國人到國外搶購電鍋、馬桶蓋，許多人認為，是中國的高階產品不足，供需錯配是實質，因而需要從供給側著手改革。

但實際上，許多中國人到國外搶購回來的品牌，仔細一看製造商，赫然標寫著中國製造。

在大部分的消費品領域，中國缺乏的不是高階產品，而是高階品牌！

品牌，才是真正的大國重器！中國設立「品牌日」的意義正在於此。2017 年 5 月 10 日「中國品牌日」的設立，標誌著中國製造真正進入了品牌經濟時代。

在市場經濟中，良好的品牌是產業邁向中高階的主要標誌之一。在全球價值鏈中，良好的品牌也是參與價值分配的有利因素。在企業競爭力中，良好的品牌反映了企業生產、研發、製造、銷售等綜合性競爭能力。因此，品牌在一定程度上也是企業和國家競爭力的衡量指標之一。經濟合作與發展組織（OECD）的分析顯示，全球知名品牌僅為全球商標總量的 3%，卻擁有全球 40%的市場占有率和 50%的銷售額。

改革開放以來，中國製造業持續快速發展，建成了門類齊全、獨立完整的工業體系，但與世界製造強國相比，品質、品牌、創新等方面的差距較大，尤其是中國品牌與中國經濟總量、產品規模不相適應的矛盾突出，「有產品缺品牌」的挑戰嚴峻。比如，2017 年《世界品牌五百強》榜單顯示，中國僅有三十七個品牌入榜，與美國兩百三十三個品牌入榜的水準差距較大。因此，適應中國經濟轉型升級的趨勢，適應中國從經濟大國走向經濟強國的要求，加快「中國產品」向「中國品牌」的升級，已成為經濟生活主要任務。

新經濟不僅成為孕育新品牌的重要土壤，而且成為助推傳統中國品牌重煥光彩的重要力量。比如，2018 年 3 月 26 日發表的「2018 年 BrandZ 最具價值中國品牌一百強」榜單顯示，一百家入選企業的總品牌價值達到 6,839 億美元，增幅創歷史新高。其中，騰訊和阿里巴巴分居前兩名，品牌價值分別為 1,322 億美元和 886 億美元。再如，平台企業在助力傳統品牌方面發揮了重要作用。依託平台企業的流量效應及新模式效應，一些傳統製造業品牌開闢了新的成長點，品牌效應明顯提升。2017 年，中國品牌在天貓的銷售額占比已超過七成，當年「雙十一」銷售情況顯示，包括波司登、小米、李寧在內的一百六十七個品牌成交破億元人民幣，新零售正在為老品牌注入新的活力。此外，眾多中華老字號也透過天貓新零售走出了中國國門。2017 年，超過一萬個中國品牌共計十二億件商品透過天貓的「出海計畫」進入了海外市場。

新經濟下的消費形態已發生極大變化

消費主力軍和輿論主力軍呈進一步年輕化勢態。他們從小受到的桎梏和壓迫越來越少，受過的教育越來越高，思辨能力越來越強，對未來的看法越來越客觀。各種主流價值觀的傳播對他們來說越來越無感。四十年改革開放的發展帶來的龐大財富開始出現釋放效應，網路的快速發展讓人類對資訊充滿了樂觀。隨著中產意識的興起，他們擁有更多的自我，更少的妥協，更寬廣的視野，更多彩的追求。

從現象上，我們可以明顯的感知這個世界正在發生怎樣的變化：網路對人類生活方式產生了強大衝擊，網路電話、網路購物、網路遊戲……網路正改變著我們的生活方式、工作習慣，讓我們的生活越來越便捷，許多行業因它產生了無窮的魔力，也有許多行業因它而黯然離開人們的生活。

網路帶來龐大的資訊量，資訊傳播方式無限延伸，以往人們熱衷的報紙、雜誌、電視、廣播被遠遠的甩在後面。如今，如果有話要說，只要一部手機，每個人都是小媒體、自媒體，甚至成為擁有千萬粉絲的大媒體。

在紛擾的資訊網路中，人們的選擇越來越具有個性化特徵。在決策的天平上，越來越脫離群體無意識特徵，而走向以自我為中心的個性化時代。

這個時代一個明顯的變化，就是「網路帶來的全新人口」。這個「人口」有兩個特點：第一個特點就是網路人口的成長速度，比自然人口成長的速度要高好多倍，它會成倍數的成長；第二個特點是網路人口具有勞動者的特徵、消費者的特徵，還有創造者的特徵。這樣的一個群體，是任何企業不敢忽視的。

截至 2017 年 12 月，中國網友人數達 7.72 億，手機網友人數達 7.53 億，而 2017 年英、法、德、義四國的總人口數是 2.9 億，可以想見中國的網友人數有多大。阿里巴巴在中國有龐大的線上消費人口，所以它一定會成功。

社會價值觀正在發生深刻變化

毋庸置疑，在改革開放的前二十年裡，在物質匱乏、人民生活相對貧困的時期，人們對思想和文化的保留空間越來越小。隨著人們追求物質生活水準的提高，人們開始追求虛偽和時尚，親情、友情、愛情被淡化，金錢至上、唯利是圖的現象屢見不鮮，社會存在情感與信任的危機。

經濟的發展是物質層面的表現，幸福的感覺是精神層面的感受。經濟發展與幸福感覺有關聯，但這種關聯並非一致。精神生活的不安和貧乏，社會資源分配和占有的不均等都是造成中國幸福指數低的因素。

但也要看到，近五年來，這種物質層面的追求有了改變，因為改革開放帶來的龐大的財富開始出現釋放效應，有錢已經不是什麼稀罕事，有故事、有追求、有精神層面的現象正逐漸回歸。當物質層面的衣食住行得到滿足後，人們開始嚮往文化和精神世界的引領，這是社會發展的必然選擇。因為從人類本性上看，沒有一個國家或者民族希望生活在一個沒有信任感、公平感、幸福感的社會中。

管理不再成為核心問題

1994 年左右，企業學習海爾，動輒百餘人的團隊到海爾去學習，帶回來什麼呢？海爾的管理模式：海爾的日清日高管理模式，又稱為 OEC 管理模式，即每天做完當天的任務，每天比昨天有一點提高。企業專門組織人員，編寫了厚厚的管理規範，編製了許多張管理表格，要求每個員工每天下班前填寫「日清日畢表」、「日清日高表」，忙得不亦樂乎。

許多企業學習海爾的「賽馬不相馬」理念，用「競爭任職」的演講式選拔方式選拔管理幹部，許多年輕人自發上台比賽爭取管理職位；還有 6S 管理法、大腳印管理法、休克魚激勵法等等。

1990 年的海爾，真的是靠這些管理法走向中國第一家電品牌寶座的嗎？可以肯定的說，這絕不是關鍵因素。但是，在那個年代，物質缺乏，市場需求旺盛，競爭尚不夠激烈，企業做好管理對生存發展有重要的作用。中國大大小小的企業去海爾取經，是因為管理確實是個問題，而且做好管理能夠帶來更好的市場表現。只是，當年甘做小弟向海爾大哥學習的家電企業，如今找不到幾個了。

並不是說海爾的管理理念有問題，而是如此學習，只學來表象而學不來神韻。海爾從一個虧空 147 萬元人民幣的街道小廠，發展成為全球營業額突破 1,000 億元人民幣的大型企業集團，背後的邏輯豈是表面上的工夫？

「新常態」將成為常態

按照世界銀行最新收入來看，國內生產毛額 GDP 在 1,025 美元以下，為低收入水準，屬於生存型消費需求主導，以基本的吃穿用需求為主，就是我們所說的溫飽型消費，能夠吃飽，能夠穿暖。國內生產毛額 GDP 在 1,026 至 4,035 美元，為中下收入水準，屬於發展型消費需求主導，也是以基本的住、行、用需求為主，如住房需求、交通工具的需求等。當國內生產毛額 GDP 達到 4,036 至 12,495 美元，為中高收入水準。這個階段人們的需求屬於享受型消費需求主導，人們的消費以高級食品、娛樂用品、精神文化用品及服務為主，因為這些消費資料能滿足人們舒適、快樂的需求。

享受型消費是較高層次的消費形式，人在滿足了生存需求之後，會要求滿足享受和發展的需求。

國內生產毛額 GDP 達到 12,496 美元以上，為高收入水準。這個階段可以稱為價值型消費需求主導。價值型消費是人們為了更好的提升、完善自我價值而進行的消費，最典型的消費是教育消費和健康消費。多讀書、多接受教育可以提高自身水準，為獲得更高的職務、更高的薪水奠定基礎；在健康上投資，可以讓自己保持良好的身體狀況，同樣也是為尋求更好的發展奠定基礎。所以，這些都屬於價值型消費。

根據統計數據，中國國內生產毛額 GDP 在 2020 年已經達到 10,500.40 美元。按照上述分類，中國已達到中高收入水準，進入享受型消費主導階段。這個數據印證了前面提到的為什麼中國消費者要到國外買馬桶，為什麼「海外購物團」連年大幅增加。因為中國消費者的需求已經發生了深刻變化，而且未來，中國高收入族群會繼續增加，人們期望享受更好的產品、更好的服務、更好的品牌、更有價值的生活，可是，企業沒有跟上來。

中國經濟經歷了改革開放四十年高速的發展，成長率在 9% 甚至 10%以上。那些生存了十年、二十年的企業以為那就是經濟發展的常態。所以，當前經濟成長率回落到 7%的時候，便開始抱怨：中國經濟進入谷底了，什麼時候中國經濟才能恢復發展的狀態？

在某企業家論壇上，某企業老闆抱怨：企業太難做了，銷量下降了 30%，沒有錢賺了，沒辦法活了！問他為什麼，老闆說：「中國經濟現在都破七了，過去經濟形勢那麼好，企業自然好過，現在經濟形勢這麼差，讓我們的日子怎麼過呀！」

看看，他把企業經營不好的原因歸結為經濟形勢不好。不用說，當前中國民營企業老闆，很多人有和他一樣的想法。換一個角度看看，放眼當今全世界，還有哪一個國家經濟成長速度超過 6%？超過了中國？在全世界，中國的經濟成長速度已經是最高了，憑什麼說中國經濟大環境不好？

所以，如果企業老闆還在做夢，妄想中國經濟增速再回到過去十年前的狀態，恐怕在一個相當長的時期內是不可能了。中央把當前的經濟形勢定位為「新常態」。實際上，這才是真正的「常態」，是當前世界環境下正常的發展狀態。如果有企業老闆認為中國經濟不正常，那是因為你自己「不正常」！

為什麼是企業不正常？

回頭看看中國民營企業群，有多少企業過著幾十年如一日的生活？看看許多企業的產品，從鋼材、金屬、紡織品到快速消費品、日用品，十年前和現在有多少變化？做了十年、二十年，依然固守著原來的產品和陳舊的品牌。生產了二十年的洗衣機，除了外觀和按鍵外，核心技術、核心零件有沒有變化？生產了二十年的空調，除了外觀更花俏了，核心技術、核心零件有沒有變化？還有食品、飲料，更不要說農產品了，二十年前擺攤賣，今天也一樣。有人說，中國的家電製造業，和十年前相比，除了品質更差之外，再也找不出別的變化。這話當然過於激烈，但也值得製造業反思。

消費者已經發生了變化，人們的收入早已經是十年前的幾倍了，中國人早已不是停留在溫飽型消費階段了，可是企業產品卻依然停留在過去，企圖以不變應萬變！

市場從「掘金」進入「挖金」時代

近兩年，企業家感覺錢越來越難賺了。二十年前，做什麼都賺錢；十年前，和房地產和金融靠靠邊，賺錢也不難；最難的是這幾年，做什麼都難，融資難、招人難，最難的是賺錢，利潤越來越薄，甚至連年虧損，不僅中小企業，就連一些大品牌、大企業，利潤也在下降。

中國民營經濟發展經歷了「三金」歷程，這三個階段，恰與中國經濟的改革週期相吻合。

改革開放初期的「拾金」階段。

改革開放初期階段，企業依賴生產中低階產品，低成本和低價格，在物資高度缺乏的市場階段拿到第一桶金。那時候錢來得真是容易，市場龐大的缺口，彷彿深不見底的洞，企業門口常見長長的車隊，深夜等待拉貨。企業招兵買馬、跑馬圈地，在全中國各個角落建立辦事處。1985 至 1987 年兩年時間裡，中國瘋狂的引進設備。最讓人驚訝的是「一母生九子」現象，有九個省市同時向義大利一公司引進九條同一型號的「阿里斯頓」電冰箱生產線。更不可思議的是，九條生產線居然全部能盈利，幾年的時間，中國家庭空蕩蕩的廚房裡，幾乎全部擺上了電冰箱。那是個商品「填空」的時代，也是製造業「拾金」的時代。

這個階段，正是中國對外開放和家庭聯產承包責任制改革釋放的紅利。這是經濟發展的第一個思想大解放，奠定了中國經濟快速發展的新篇章。

時光進入二十世紀最後的十年，當初引進的九條電冰箱生產線只剩下一條，其他八條銷聲匿跡了。再幾年後，當初引進的七十三條冰箱生產線大多數也看不到了。經歷了你死我活的市場角逐後，中國的冰箱品牌重新整合，如今，只剩下海爾、海信、美的、美菱等有限的品牌統領著中國市場。

十年的「填空」，滿足了基本需求，市場進入了飽和階段。沒有看清市場形勢的一大批企業倒下去了。倖存下來的企業開始尋找出路。新的管理思想、行銷理論大量進入人們的視野。

中國經濟進入快速良性發展的階段。中國製造業迎來了新一輪「拾金」時代，迎來了「中國製造」的輝煌時期。「中國製造」、「世界工廠」、「中國模式」等，在當時為中國實體經濟的發展注入了強勁的活力。各種資源在政策的引領下流入製造業，大大提高了中國製造在國際市場的價格競爭力，促進了中國產品的出口。這個時期，是中國製造業成長最迅速的時期。從 1991 至 2001 年，製造業在中國經濟的貢獻率基本都在 50% 以上，最高達到了 62.6%，大大超過了第一、第三產業。1990 年，中國製造業產出占世界的 2.7%，全球第九；2000 年，中國製造業產出占世界的 6%，全球第四；到 2010 年，中國製造業產出占世界的 19.8%，全球第一；在世界五百多種主要工業品中，中國有兩百二十多種產量第一。

但是由於缺乏自主智慧財產權和核心技術，缺乏品牌影響力，加之不了解國外市場規則、缺乏應變能力等，中國企業在國際市場尤其是歐美市場上的定價權和話語權很弱。企業生產的產品附加價值不高，導致產品售價低，很容易遭到一些國家的反傾銷以及日益成長的貿易保護主義作法的傷害。中國企業製造的商品已遍布全球，這被視為中國參與全球化的重要標誌。然而，這並不能顯示中國已成為真正意義的「世界工廠」，因為中國企業在整個從商品生產到銷售的全球供應鏈中，只扮演了利潤最少的「組裝」角色，處於全球增值鏈的末端。

2020年，中國專利授權五十三萬件，多年來一直排名世界第一，但其中更多的是實用新型、外觀設計專利，發明專利占小部分。中國製造的關鍵技術和關鍵零部件還得進口，受制於人。100%的高級引擎、95%的高級數控系統和80%的晶片，都需要進口（晶片的進口值超過原油）。

房地產熱推動中國製造業進入了「掘金」時代。

2003年8月12日，中國的《關於促進房地產市場持續健康發展的通知》（以下簡稱「18號文」）獲准通過，該通知對房地產有了新的定位：「房地產業關聯度高，帶動力強，已經成為國民經濟的支柱產業……」

從此，房地產行業如困獸脫籠，中國經濟在房地產業快速發展的裹挾中高速前進。房地產的投資熱和投機熱吸引了大量的資源進入，從而造成了對實體經濟特別是製造業的抽血效應，制約了製造業的發展。

也是從這個時期開始，中國的製造業進入了「掘金」時代。中國市場飽和，國際市場利潤微薄，動輒還遭遇反傾銷指控，製造業微薄的利潤難比房地產相關行業的一夜暴富，許多製造業老闆坐不住了，紛紛投資進入房地產業，因為也許製造業十年的利潤不及房地產業一年的收入。

企業研發投入越來越少，原來中國企業以建立國家級技術中心、動輒幾百人的研發團隊為榮，而在 2003 年後，企業的研發中心逐漸衰弱，研發團隊越來越少，各行各業的人才發瘋似的湧向房地產，曾有北京、上海等知名大學畢業的高材生擠破頭應徵房屋仲介工作。

這個時期，中國製造業的發展，基本上是在模仿、抄襲中維持，滿足市場低階的需求，卻難以在技術研發上提高和向更高階市場邁進。就在這十年裡，正當中國製造在低附加價值產品上打價格戰的時候，世界其他國家正盤算著重新振興製造業。中國製造，正面臨腹背受敵的深度危機：發達國家高階製造業回流；同時，其他發展中國家，正分流中國的中低階製造業。

2012 年以後，中國製造業進入了「挖金」時代。

掘地三尺已不見金，要想賺到錢，必須下更大的力氣，使用更先進的工具。

金融改革，騰籠換鳥，各種政策刺激。但是，高速奔跑之後的中國製造業再也找不到昔日的輝煌，代之而來的是各種積弊叢生，各類風險潛藏，企業面臨新一輪的轉型與改革。同樣，改革需要思想的引領，中國的經濟學家，新一代國家領導人，還有身處其中的企業家，都在尋找出路。可以肯定的是，市場未來的錢越來越難賺了！市場進入了「挖金」時代，深挖坑方能撿到金，甚至也許根本撿不到！許多企業頻頻發問：經濟形勢什麼時候好轉？於是等待、觀望，奢望尋找到一夜暴富的機會。「守株待兔」是沒有機會的。這個時候，積極去「挖金」不一定有機會，但消極等待只能錯失機會。未來，中國製造業正面臨一場生死存亡的大考驗。

新經濟環境必然導致一部分企業被淘汰

從工業品到食品、農產品，很多企業為了打進國際市場，不惜低價，不惜資源大量損耗，不惜環境破壞的代價。表面上是致力於提高生產效率，降低成本，以「質優價廉」爭取外貿訂單，實則只滿足於做一個代工工廠，生產全世界最高品質的產品，卻只賺取微薄的加工利潤。如今，這樣的市場條件已經不存在了。

當前中國的食品安全已成為全民關注的話題。但是，中國眾多的出口型企業卻能做出世界上最安全、品質最好的產品，比如：中國的海產品出口日本，能夠通過全世界最苛刻的品質認證，長期得到日本市場的歡迎；重慶某公司生產的蕃薯食品，竟賣進了三十二個國家和地區，包括歐洲市場和美國市場。有人說，中國的產品深受食品添加劑和色素的困擾，這樣的產品能夠出口到日本、美國嗎？

實際上，中國企業出口國際市場的產品會嚴格按照國際品質標準生產，有嚴格的工序，生產過程中不會添加任何添加劑和色素，使用的是最好的原料、最好的技術。

出口形勢嚴峻有多方面的原因，外部原因有中美貿易摩擦與「美國製造」的回歸、歐洲的衰落與日本的野心。但是，內部原因是最致命的，那就是：低階產品無成本優勢，高階產品無科技優勢！

二十世紀末到二十一世紀初，大眾需求的快速崛起助長了製造業以量取勝，在全中國甚至全世界跑馬圈地。但主要是面向低收入族群為主的供給體系，沒有及時跟上中國中等收入族群迅速擴大而變化了的消費結構。值得關注的事實是，同一件產品出口的品質就高一些，賣給中國的品質就差一些，迫使很多中等收入族群出國買「中國製造」。

因此，未來幾年，中國七千多萬企業將面臨兩種選擇。一種是轉向有價值的品牌活下去，品質創新和品牌打造是未來企業活下去的兩大法寶。品質代表著產品價值，技術創新、品類分化和創新，匠心獨運，精益求精；品牌代表心理和情感價值，代表信賴、安全、情感、身分地位以及生活方式。品質和品牌互相支持。缺乏精益的品質，難以支撐品牌；缺乏強大的品牌力量，難以立足市場。

而另外的一大部分企業，將被自然淘汰，尤其在消費品領域，市場化程度高、競爭相對充分，市場優勝劣汰，自動出清，不要再指望政府來扶持你。而政府未來越來越多的職能集中於提高環保、能耗、品質、標準、安全等各種准入門檻，加強制度建設和執法力度；對於低階過剩的垃圾產能、「殭屍企業」，政府該「斷奶」的就「斷奶」，該斷貸的就斷貸，堅決拔掉「點滴管」和「呼吸機」。

當然，在淘汰和死亡的企業中，有一部分能夠鳳凰涅槃，浴火重生，與其說這是企業蛻變的過程，倒不如說是企業家脫胎換骨的過程，從經營理念、市場理念、價值理念等各方面重新認識，理念指導行動。沒有貼合現實、國際化的市場觀，即使重新創業，難免重蹈覆轍。當然，還有一部分企業，只能黯然消逝在洶湧向前的市場浪潮中，再也翻不起一點浪花了。

第一章　中國製造業發生的深刻變化

第二章
大企業意識不到的危機

這幾年製造企業日子不好過，通路、店鋪力量疲弱，人力、材料成本上升；轉向網路，開發 APP，跨界新領域，亦非靈丹妙藥，企業反而在紛亂中迷失了方向。

新經濟、新環境，市場紛擾，光怪陸離。企業必須掌握方向，做對大事，才能找到活路。

問題的關鍵是策略，以品牌策略為核心，以聚焦策略為原則，搞清楚兩個基本問題：你是做什麼的？消費者為什麼要買你的產品？沒有哪個品牌能夠逃出這些基本規律。

說不清自己是做什麼的

說起來似乎可笑，但實際上，當前有許多企業，尤其是做了十年、二十年的企業，陷入這樣的困境：突然不知道自己是做什麼的了，不知道該做什麼，該往哪裡走了。

這裡有幾種情況，一種是企業經過幾十年的發展，企業做大了，涉足的領域也多了。中國當前許多大中型企業面臨這樣的問題。食品飲料企業這樣的情況尤其普遍。某家做肉製品的企業，經過二十年的發展，業務不斷向產業鏈前後端延伸，有了屠宰場、養殖場，甚至兼併了飼料廠；終端產品也從常規的熱狗火腿延伸到了冷鮮肉、發酵火腿，以及生物製品和調味品；生物製品是從骨質裡提取膠原蛋白，甚至有了自己的面膜；調味品則是從骨質裡提取的骨湯味精（見圖 2-1）。

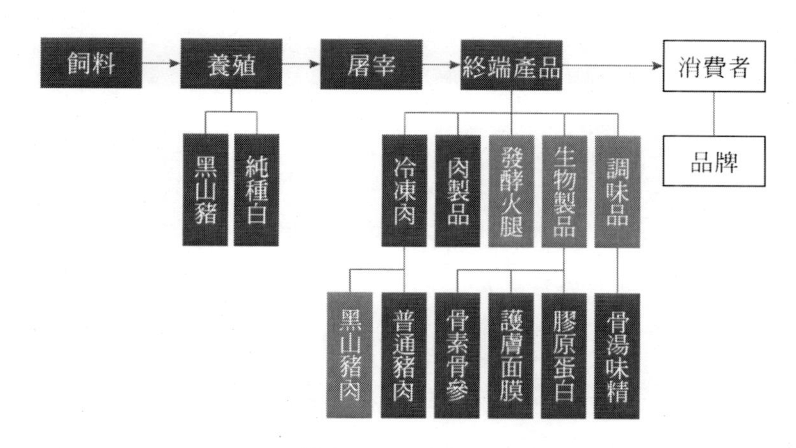

圖 2-1　某肉製品企業產業鏈延伸現狀

食品企業發展全產業鏈，幾乎成了過去十年所有類似企業的追求。全產業鏈這條路到底對不對？

分析這條產業鏈，它的出口是什麼？有人說是消費者，有人說是市場。也就是說，只要找到了市場和消費者，產業鏈就能夠運行起來？

實際上這是一種合乎邏輯的錯誤思維，因為它完全是一種基於企業的產品思維。基於企業是指由裡而外看過去，容易忽略企業的外部環境和競爭態勢。基於企業內部的資源，因為有原料、有設備、有資金，就以為可以延伸產業鏈到其他的領域。產品思維是指注重產品的技術、品質，而忽略了市場競爭和消費心理。

實際上，全產業鏈這條路能不能走，能不能成功，關鍵的因素是你有沒有強大的品牌！

在品牌經濟時代，產業鏈出口不是市場，也不是消費者，而是品牌！

消費者面對的好產品很多，自以為是的好產品也很多，但是，只有好品牌能夠進入消費者的選擇圈。

強大的品牌是整合產業鏈的核心力量！

所謂強大的品牌，就是在某個品類領域數一數二的品牌。比如上述企業，如果在肉製品領域有強大的品牌，在市場贏得消費者青睞，則能夠向產業鏈前端整合資源，可以延伸產業鏈，也可以整合其他資源。

一個重要的問題是，強大的品牌背後代表一個屬類。肉製品強大的品牌，不一定能同時成為冷鮮肉屬類的強大品牌，更不一定能成為味精、面膜領域的強大品牌。在它們的各自領域裡，市場上已經形成了有影響力的強大品牌。這家企業進入這些領域，面對的必然是各個領域的強大對手。

這就是產品思維帶來的問題。從企業內部出發，看起來是沿著一條產品鏈在延伸各類深加工產品。實際上，產品思維的局限性導致企業進入市場後四面樹敵，資源分散，最後的結果就是將這些產品擺在自己的展廳裡自我欣賞。

產品思維的局限性導致企業進入市場後四面樹敵，資源分散，無法在競爭中獲勝。

還可能存在的問題是，企業將一個品牌應用在所有品類產品上，造成更大的消費者心理混亂，到最後，連企業內部的員工也說不清企業到底是做什麼的。

沒有強大的品牌拉動，產業鏈上所有延伸的業務終將成為企業沉重的包袱；研發的系列產品，也終將成為「雞肋」而難以取捨。

如果不花大力氣清理，找不到企業發展的策略方向，這類大企業終將遇到大麻煩。

解決這些問題的最有力武器就是雙定位策略思維，在後面的章節中我們會談到。

延伸產業很多，但沒有一個做到最經典

除了沿著產業鏈延伸的大企業之外，還有很多企業進行橫向多元化擴張，可以稱為「挖井擴散性思考」。這類企業要麼有一個強大的產品研發團隊，研發人員沉浸在不斷推出各類新產品的快樂中，有充分的理由證明新產品的優勢；要麼恰遇企業原來產品業績下滑，於是推出新產品，運作一段時間，發現市場效果不佳，於是再增加一款新產品……

另一個原因是銷售團隊的產品思維所致，銷售人員認為更好的市場和業績是因為有更好的產品；因此，業績停滯或後退的時候，便認為是產品不如競爭對手，或者競爭對手有的自己沒有，因此便不斷開發自以為更有優勢的產品。

比較典型的案例，如娃哈哈。娃哈哈品牌是全球最大的食品飲料品牌，利用通路優勢，每隔一兩年會推出新產品，從早期的兒童營養液、AD 鈣奶、八寶粥、純淨水、非常可樂，到茶飲料、果汁飲料、激活、爽歪歪、營養快線，還有後來的啤兒茶爽、啟力、格瓦斯、富氧水、小陳陳等新品。

營養快線定位於營養飲料，是這個領域的強勢品牌，因此多年來市場反應不錯。

其他一些產品，有些因為定位不清晰，比如啤兒茶爽、領醬國白酒等，已經從市場下架。

另外一些產品試圖引導市場，比如富氧水（後來改為「氧世界」）、格瓦斯，以及咖啡可樂等，最終也沒有引導出消費，成為行銷敗筆。

另外的大部分產品，雖然有強大的通路推力，但是，在這些屬類領域，各有強勢品牌占據；比如純淨水領域有農夫山泉、康師傅等；維生素飲料有脈動等。娃哈哈在這些領域難以和行業老大抗衡。

儘管娃哈哈有強大的通路優勢，但是，事實越來越顯示，占據通路話語權的依然是品牌。

極度競爭時代，更多產品意味著更大的風險

一個企業推出如此多的屬類產品，可想而知會帶來嚴重的內部資源爭奪。企業再大，資源也是有限的，將有限的資源投入三個大單品和三十個各不相干的單品有本質的區別。

另外，產品多元化策略必然帶來市場的四面樹敵，企業有限的資源難以應對多個戰場同時開火。最好的策略依然是聚焦，聚焦最具優勢的屬類，集中力量建立強大的品牌；一個品牌成功後，考慮產品的生命週期，可以再推出第二個品牌，同樣集中資源將其打造成該屬類的強勢品牌……

食品飲料行業是一個典型的靠策略單品支撐的行業。策略單品是指策略單品品牌，不是產品思維，而是品牌思維。

與其擁有眾多平庸的產品，不如集中資源，打造一兩款優勢突出、經久不衰的強勢產品。

由於市場過度競爭，產品價格成為很多中小型企業的主要

競爭手段，產品的利潤已經非常稀薄；而生產資料和人力資源成本卻在飛速上漲，成本已經成為企業生存的一大致命危機。極度競爭時代，生產更多產品反而意味著更大的風險。國家的金融政策不斷收緊，也影響了企業的資金鏈。如果企業依然採取快速擴張的策略，將面臨資金斷裂、管理能力不足、利潤降低等多重風險，任何一個風險都會導致企業的死亡。

少則得，多則惑。古老的智慧今天依然具有醍醐灌頂的力量。

說不清給消費者的購買理由

我為什麼要買你的產品？

這是消費者必然的問題。消費者購買任何商品，必然找到讓自己心動的理由。這個問題必須由企業來回答。

中國白酒行業海大風大，波翻浪湧從來沒有消停過。

中國國家統計局發布的 2017 年中國酒類行業生產經營數據顯示，2017 年僅白酒銷售收入就達 5,654.42 億元人民幣。

在中國幾千年的酒文化長河中，良辰美酒、詩情醉酒，無數人留戀其中，樂不思歸。中國文化和美酒密不可分：有儀狄造酒說，杜康造酒說，還有猿猴造酒說；有宋江化酒裂變，有劉邦鴻門假醉，有曹操青梅煮酒，有宋太祖杯酒釋兵權……

研究了這麼多酒文化、酒歷史，回到如今烽火硝煙的白酒市場，依然要問一句：消費者為什麼要買你的酒？或者，他們為什麼買了別人的酒而不買你的？

在酒行業打拚的企業家，每個人說起酒來都如數家珍，但要回答這兩個問題，沒有幾個人能夠說得清楚。

因為說不清楚，於是就有了形形色色的理由。

某個做了二十年酒的大企業，獲得了各種榮譽頭銜，頭十年做得風生水起，到了後面這十年，競爭越來越激烈，企業也越做越艱難。

從策略上分析這個企業，離不開品牌策略經典兩問：第一，你做的是什麼酒？第二，消費者為什麼要買你的酒？對於這兩個問題，企業不是沒有答案，而是答案太多：二十年來，企業深耕白酒領域，生產各種香型、各種度數的白酒；給消費者的理由也很多：先進的科技、優秀的品質、悠久的歷史，還有深厚的文化……

因為多而混亂！因為多而平庸！

同時向消費者拋出五個繡球，不如只拋一個！

消費者心理最怕混亂，因為混亂，消費者記不住，因為多而無法和眾多競爭者形成區隔，因為多而缺乏力量！

中國智慧言：大道至簡！唯聚焦而產生力量！

改革開放四十年，中國製造企業經歷了需求匱乏、大刀闊斧的輝煌時期，經歷了資源豐富、勞動力低廉的「挖金」時期，階段性的成功對企業造成錯覺，以為自己無所不能，於是擴大生產規模，多元化擴張，期望滿足更多消費者更豐富的需求。

企業越來越大，競爭力卻越來越弱。

很多企業的領導者和高階管理者，習慣了養尊處優，卻感受不到企業像一艘巨輪般漸漸駛入了淺水區。

停留在低附加價值市場

中國許多大企業發展幾十年來，早期的累積主要靠爆發式的需求拉動，只要有產量，不怕沒市場。大量的中低階產品靠物美價廉、快速上量做大，這樣的經營模式長期形成了慣性，技術成熟、設備成熟、市場成熟、銷售模式成熟。當市場遭遇困難時，最好的解決方式就是降價，打價格戰，把競爭對手幹掉。食品、酒水飲料，以及家電市場、汽車市場等，無不是這樣的經營模式。

直到有一天，突然發現，自家人在中國市場打得不亦樂乎，消費者卻大批到國外去購物，到日本買稻米、買馬桶蓋，到韓國購買化妝品，到紐西蘭搶購奶粉……

這才發現，消費者已經變了，中國競爭者的混戰，即使贏了，也是輸了。

一味的刺激需求已經不靈了，政府提出了供給側結構性改革，企業是主體。企業供給側改革的核心，就是在供給側創新技術，創新屬類，從而提升需求側的價值。用全新的價值重拾消費者的信心。

當汽車出現的時候，眾多馬車企業的日子不好過了。馬車企業面對汽車企業對手，是製造更好的馬車，還是製造更加物美價廉的馬車，來增強競爭力？實際上，需求已經變化和升級，停留在低階市場，努力越多，失敗越不可避免！

但是，大企業往往積弊叢生，許多企業很難調用一套完整的體系進行供給側的技術研發創新、生產創新和市場與銷售管理創新。如何從技術創新到屬類創新，從產品品質到消費價值，從產品到品牌，都將成為大企業未來面臨的重要問題。

低附加價值產品的另一個主力是外貿出口型企業。在中國製造的熱潮中，中國已成為全球製造業增加值第一大國和出口額第一大國。從一個農業大國轉而變成工業大國，中國所用的時間不超過四十年。

但是長期以來，中國出口產品的附加價值低，隨著國際市場的變化，附加價值越來越低，這就是因為我們大部分出口產品處於價值鏈的最低階 —— 製造端，在上游缺乏先進的技術，在下游缺乏自主品牌。

走出國門，曾經是企業最大的夢想。許多企業做外貿加工，可能做了二十年、三十年，已經習慣了外貿加工的流程：按照訂單生產，只要把生產和品質做好，到時候直接交貨就可以了，付款結算也比較簡單。但最近幾年，許多外貿加工企業開始嘗試做內銷了，就是因為外貿出口的附加價值越來越低。當然，面對越來越規範的中國市場和消費水準的提升，轉身中國也有企業家的情懷和責任。

中國冷凍蔬菜主要出口日本。從 2003 年至今，冷凍蔬菜是日本從中國進口的主要農產品。多年來中國冷凍蔬菜保持了日本同類產品進口量第一的位置，占據了日本進口冷凍蔬菜量的40%以上。中國企業主要依靠成本領先的優勢。可近幾年來，這種低成本的領先優勢越來越小了，面對競爭，要麼用更低的價格，要麼被淘汰，部分外貿企業開始考慮如何開拓中國市場。

中國的外貿企業有很大的自信，那就是產品品質好。日本是世界上食品標準最高的國家之一，能夠出口日本的食品，進入中國市場品質自然沒有問題，它們相信靠品質能夠在中國市場搶占一席之地。

但是，中國市場在大部分食品領域的競爭，已經從產品競爭升級到了品牌競爭，領先的品牌代表了品質，而沒有強大品牌的支撐，品質的認知變得越來越難。

信奉「時代的企業」，投機跟風心理嚴重

搶房的時代，我們時常會看到這樣的新聞報導：「男子假離婚買房後哭暈，妻子要帶房嫁別人」。越是瘋狂的市場，中國人的投機心理就越可怕。「站在風口上，豬都能飛起來。」只是哭暈的那位大哥既然沒有處理後院起火的能力，又何必去招惹房市的火呢。

早在西元 1630 年代的荷蘭，鬱金香的價格飛速上漲，令投資人欣喜若狂。一棵稀罕的極品鬱金香球根售價可能相當於阿姆斯特丹運河邊的一幢豪宅。在這股狂熱到達巔峰時，交易商們聚在小酒館中，瘋狂的進行三級鬱金香球根的期貨買賣。他們希望一夜之間賺上比他們原先作為店主、藝術家或者是賣苦力時做上十年所賺的還要多得多的錢。投機狂潮不可能永遠持續下去，事實也的確如此。在西元 1637 年 2 月的第一個星期二，價格停止了上升，投機泡沫破滅，市場幾乎是頃刻之間崩潰了。

極大的利益誘惑下，企業何嘗不存在盲目跟風投機的思維？早在 O2O 大潮中，就催生了上門按摩、上門洗車、上門廚師等一批風口上的創業企業，如今基本不見蹤影。2010 年團購在中國興起，鼎盛時期全中國湧現出六千兩百一十八家團購網站，經過千團大戰的洗禮，三年內團購網站死亡四千六百七十

家，今天只剩下美團、百度、糯米等極少數玩家。2017 年都說是共享經濟的時代，從共享單車、共享充電寶、共享雨傘，到萬物皆可共享，部分共享產品和服務的確給人們生活帶來了方便。但也有一大批共享產品，以「共享」為噱頭來騙錢和炒作，盲目跟風投放的後果是資源浪費，擾亂了公共秩序，變共享經濟為「共亂經濟」。2017 年 6 月 13 日，「悟空單車」官方微博發出通告稱：悟空單車正式宣布退出共享單車市場，從創立至宣布倒閉之時短短六個月的時間，其創始者稱已共計損失上百萬，向市場投放出去數千量單車也已盡數不見蹤影。

「悟空」在資本相對薄弱且融資匱乏的前提下，不僅追風出世，且還把重慶當成了自家的「花果山」，結果在 ofo 小黃車和摩拜等共享巨無霸企業的合力「圍剿」之下，根本就無法立足。雖然悟空單車想出了諸多應對計畫，但 ofo 小黃車在重慶的一招免費騎行，就讓諸多計畫全部泡湯，根本就沒有替它留有實施計畫的機會和時間。創業不能跟風，尤其在資金有限、後續投入尚無保障的前提下，想在市場上獨占一畝三分地與巨無霸企業抗衡，無疑是「自尋短見」。

悟空單車企業的「夭折」，更與城市以及騎行者的文明素養普遍有待提升存在重要關聯。企業總共投入市場一千兩百輛單車，不到一年就有近 90%的車輛「失蹤」或損毀，其營運成本之高令人咋舌。而在這樣的人文素養面前，共享單車欲實現健康發展，顯然還有很長的「燒錢」之路。「共享單車」對社會和市場的綜合因素顯然缺乏足夠的應對和研判，這也是企業盲目跟風的重大隱患。

企業盲目跟風，是因為相信這是未來的風口或機會，即使已經有人站在風口上，他依然相信自己會比別人做得更好。

然而，你憑什麼會做得更好？第一本身意味著好，你很難突破大眾的心理機制。

網路時代，新事物層出不窮，而且大多數曇花一現，每一個看似風口的機會，是不是真正的機會，很難看得清楚。

新零售也是其中之一，包括無人超市和自助結帳。一時間，每個人都在說新零售，談論無人超市。許多企業家又坐不住了，也要做新零售，做自助結帳。一時間，走進大大小小的城市超市，無人結帳區熱鬧異常，排隊結帳區彷彿成了老年人專區。

幾個月後，出乎意料的是，許多超市的無人結帳區廢棄不用了，機器孤零零的晾在一邊，人工結帳區又排起了長長的隊伍。

其實，無人結帳在國外某些國家，早已不是新鮮事。而且，在一份針對美國、英國和其他歐洲國家零售商的研究報告中，英國萊斯特大學的阿德里安・貝克教授（Adrian Beck）和馬特・霍普金斯（Matt Hopkins）表示，使用自助通道和智慧手機應用結帳導致了將近 4%的商品遺失率，這個數字超過了預期平均水準的兩倍。

這項大約在十年前興起的掃描技術在很大程度上依賴於信用體系。這種技術不是由收銀員來記帳和裝袋，而是由顧客獨自完成交易。不過報告稱，由於缺少人員監督，顧客的風險認知下降，因此行竊可能變得更加普遍。

一位顧客的親身經歷：今晚在超市自助結帳櫃檯等候結帳，前面一人正在結帳，有五六樣商品，貨品都掃完條碼後，他在螢幕上點選了「取消」，拿著手機晃了一下（實際並未成功付款），隨後很快的拿起貨品轉頭就撤。我看螢幕顯示「取消貨品請聯絡工作人員，點選求助」，就拍了拍站在旁邊的工作人員，他問清楚情況尋找那位顧客時，熙攘人流中早已看不到蹤跡……

即使有機會，「跟風」只能成為老二，但是市場中的老二，終究是沒有機會的。

如何做到既要站在風口上，又不會成為跟風者而夭亡？最重要的方法是要有「雙定位」思維，首先從屬類上做到不同，不要跟隨領先者，而是要做不一樣。因為人性中的喜新厭舊，人們對新奇特的東西永遠保持興趣。另外是利用不同的屬類帶來差異化價值。以不同的屬類和價值站在風口上，和領先者站在一起，你們就是「雙雄」，而不是「兄弟」。

第三章
一種全新的策略思維：雙定位

第三章　一種全新的策略思維：雙定位

中國進入前所未有的大變革時代，商業競爭進入「跨界、跨時空」的無限度競爭時代，人們在巨變中追風逐浪，中國市場幾十年來學習和模仿的行銷理論、管理理論、競爭理論和品牌理論，在巨變的市場中失去了理論的根基。

雙定位理論基於供給側和需求側的雙向思考：品牌要從供給側創新開始，用全新的屬類和價值再造消費者心理。

雙定位理論認為：任何一個成功的品牌，在消費者心中成功占據了兩個位置，回答了消費者的兩個問題：

第一，你的業務是什麼或你代表什麼？此為屬類定位。

第二，我什麼要買你的產品？或者你帶給消費者的價值是什麼？此為價值定位。

兩者缺一不可！

「雙定位」理論從供給側開始，回答消費者第一個問題：你的業務是什麼？或者，你代表了什麼？回答這個問題可能是基於分化的品類，也可能是顛覆性的屬類。重要的是基於企業的差異化核心優勢，從市場競爭和消費者需求的角度去思考你是什麼；品牌定位的另一方面是需求側，回答消費者第二個問題：我為什麼要買你的產品？對於屬類定位的分析同時必須考慮什麼是消費者認為有「價值」的東西。圖 3-1 為雙定位理論模型。

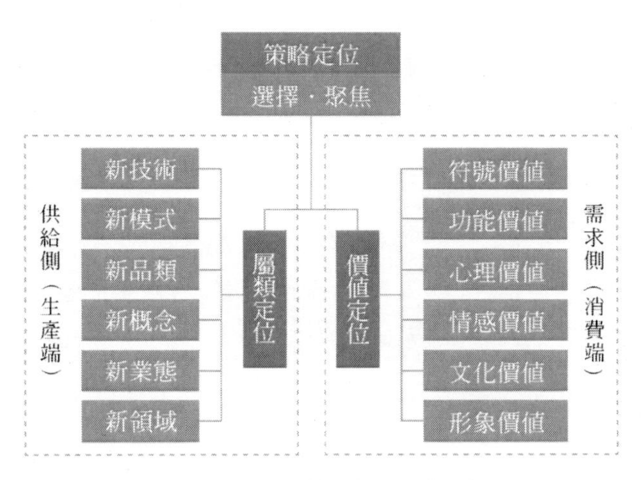

圖 3-1　品牌雙定位理論模型

價值定位和屬類定位相呼應。只有創新屬類，才能提供差異化價值。

新經濟與雙定位品牌策略

在過去的幾年中，新經濟的蓬勃活力讓千千萬萬人感受著生活的便利和美好。重塑創新體系、激發創新活力、培育新興業態，新經濟不僅提升著人們的「獲得感」，也在為經濟社會各領域轉型升級注入新能量。從「Copy To China（中國模仿）」到「Kaobei From China（效仿中國）」，「中國智慧」與「中國方案」服務全球的時代全面開啟。

一是基礎設施不斷充實。網路能力持續升級，建成全球領先的光纖寬頻，光纖寬頻使用者占固定寬頻使用者的比重超過80%，排名全球第一。

二是電子商務迅猛發展。線上零售成為消費成長新引擎。2016 年，中國線上零售市場規模突破 5 萬億元人民幣大關，穩居世界第一。中國行動支付的普及程度以及便利程度，已經超過了美國、歐盟等發達國家和地區。

三是分享經濟廣泛滲透。線上叫車、共享單車、房屋短租等分享經濟漸成氣候。2016 年，中國分享經濟市場交易額約為 3.5 萬億元人民幣。

四是大數據、人工智慧、虛擬現實等尖端技術不斷落實。杭州肯德基 KPRO 餐廳成為全球首個「刷臉支付」商用測試店，百度地圖為北京四百多個路口提供基於大數據的智慧監測。自 2011 年起，中國人工智慧每年新增專利數超過美國。2016 年，中國新增人工智慧專利九千多項，為美國新增專利數的兩倍多。

……

在製造業領域，網路與製造業融合發展不斷深化，工業網路蓬勃興起，智慧化生產、個性化訂製、網路化合作、服務型製造等新模式、新業態百花齊放，符合產業升級和消費升級方向的新產品不斷湧現。共享生產能力、共享設計能力、共享設備……大量的生產要素共享模式出現，不僅降低了創新創業的成本，也大幅度減少了產能過剩的可能性。新經濟的賦能，還帶動了傳統製造企業的服務化轉型，產生了「製造＋數位＋網路＋服務」的新模式。

新經濟正在以前所未有的速度為中國經濟發展帶來新動能，對於製造業而言，新經濟的核心是創新：產品從無到有需要創新，規模由小變大需要創新，品質由低到高需要創新。「創新是引領發展的第一動力，是建設現代化經濟體系的策略支持。」勢力自弱至強需要創新，實現新舊動能轉換，只有依靠持續創新。現實也顯示，只有創新才能解決複雜與困難，化解問題與矛盾，提高品質等級，提升境界水準。

雙定位理論對品牌的策略的思考基於供給側和需求側兩個方面，一方面是針對供給側的屬類定位，另一方面是針對需求側的價值定位。

新經濟、高競爭的環境下，品牌不再是搶占消費者原有的心理，而是不斷創新，用全新的屬類和價值再造消費者心理。

雙定位理論從供給側開始，用顛覆性的屬類幫助企業突破現有的行業競爭框架，擺脫陳舊的思維模式，擺脫眾多行業發展進入成熟期甚至衰退期的無奈，重啟思維模式，開闢全新的快車道，實現行業和產品生命週期的轉換，開拓全新的廣闊市場！

供給側的升級和創新在行銷上的表現，重要的是透過新屬類展現出來。從支付寶到微信、從零售到新零售、從共享經濟到分享經濟、從大數據到黑科技，從跨界到融合……都是新經濟環境下出現的全新屬類，正是這些全新的屬類，為全世界帶來全新的衝擊和震撼，一次次衝擊和刷新人們的心智，再造消費者心理。

屬類定位是生產者融合前瞻性眼光、最尖端科技、行業發展階段和企業獨特優勢而實施的競爭策略。新零售、共享經濟、黑科技、跨界、新動能這些全新的名詞，以及企業和品牌技術創新帶來的可穿戴設備、虛擬現實、HDR（高動態範圍成像）、4K 電視、OLED（有機發光二極體）顯示器等，都是新屬類的典範。用新屬類創新，運用屬類行銷的方式開拓市場，實現行業和產品生命週期的轉變，引領和再造消費者心理。

價值定位是針對消費需求的轉型升級，運用品牌經濟規則，為建立和累積競爭優勢而實施的品牌策略。新的屬類必然帶來新的消費價值和體驗。換言之，提升產品價值，要從提升屬類定位開始。

雙定位理論與定位理論的三個不同

「定位」被譽為對行銷影響最大的觀念，近幾十年來這個詞在行銷領域廣為人知。但是，我們看到的現象是，定位進入中國市場近五十年，卻很少有企業家主動運用定位理論而獲得成功。

對於含義豐富的中國漢字來說，「定位」顯然不會因為某個人的言論而僅僅具有一個特定的含義。

在中國的《漢語大詞典》中，「定位」的解釋如下：

一是確定事物的名位。

《韓非子· 揚權》:「審名以定位，明分以辯類。」南朝梁劉勰《文心雕龍· 原道》:「仰觀吐曜，俯察含章，高卑定位，故兩儀既生矣。」

宋曾鞏《請令長貳自舉屬官札子》:「陛下隆至道，開大明，配天地，立人極，循名定位，以董正治官，千載以來，盛德之事也。」

二是一定的規矩或範圍。

南朝梁劉勰《文心雕龍· 明詩》:「《詩》有恆裁，思無定位，隨性適分，鮮能通圓。」

清朝曾國藩《江寧府學記》:「先王之制禮也，人人納於軌範之中，自其弱齒，已立制防，灑掃沃盥有常儀，羹食肴胾有定位，緌纓紳佩有恆度。」

三是用儀器等對物體所在的位置進行測量，亦指經測量後確定的位置。

如把兩個字分開解釋：

第三章　一種全新的策略思維：雙定位

「定」的含義：不動的，不變的；如定額、定價、定律、定論、定期、定型、定義、定都、定稿、定數等。

「位」的含義：所處的地方；如座位、部位、位置、位於等。

不同的人對「定位」有不同的理解，源於中國漢字不同於任何語言文字的審美與魅力。在市場行銷領域，我們可以隨時從行銷人員口裡聽到這個詞，比如說某產品定位於男性市場或女性市場，某產品定位於老人市場或兒童市場，某品牌市場區域定位於河南市場或山東市場，或者說某品牌定位於高階市場或低階市場、定位於一線城市或三線城市……還有其他諸如產品定位、市場定位、品牌定位、策略定位、通路定位、傳播定位……

特勞特定位理論說：品牌要定位於消費者的心智，要圍繞潛在顧客的心智進行。

消費者的「心智」中有什麼？圍繞「心智」是在圍繞什麼？

何為心智？從字義上講：「心」是心臟，是構成人體生理的一個重要器官，其主要功能是為人體的血液暢通加壓；另一層為「內心」，即「裡面的」「內在的」含義。「智」則是「智力」、「智慧」之意。簡言之：心智是人們的心理與智慧的表現。

一個人的「心智」指的是他各項思維能力的總和，用以感受、觀察、理解、判斷、選擇、記憶、想像、假設、推理，而後根據其指導行為。喬治· 布雷（C. George Boeree）博士對心智的定義：心智主要包括以下三個方面的能力：獲得知識、應用知識和抽象推理。布雷博士認為，一個人一生的幸福與他的心智直接相關。人與人之間存在智力的差異，即每個人心智的力量強弱不一，且這方面的差異可能存在天壤之別。

「心智」是指人的思維能力，內在的心理活動，它是看不見、摸不著、因人而異的。因此，品牌在「心智」中定位就存在各種可能性，變成了「打飛靶」。

第一，雙定位理論的原則是提升和再造消費者心理。

定位理論是對產品在未來的潛在顧客的心智裡確定一個合理的位置。定位的基本原則不是去創造某種新奇的或與眾不同的東西，而是去操縱人們心中原本的想法，去打開聯想之結。定位的真諦就是「攻心為上」，消費者的心智才是行銷的終極戰場。

雙定位理論的原則是鼓勵創新升級，用創新屬類提升價值，再造消費心智。

雙定位理論對品牌的策略的思考從供給側開始，將企業的創新和突破與屬類定位結合起來，供給側的升級和創新在行銷上的表現，就是透過屬類呈現出來。我們熟知的很多品牌，它們的成功都是基於雙定位的成功：比如，海爾電熱水器的「安全」價值，是透過「防電牆」這個屬類概念展現出來的。

早期的空氣源熱泵熱水器，應用了「空氣源」熱泵等技術，但是這些技術創新、技術語言如何轉化成消費者容易理解和接受的市場語言？最終，這項技術產品以「空氣能熱水器」的屬類廣泛的走向了市場。

2007 年，蘋果發表了第一代具有高解析度、多點觸控功能的 iPhone。iPhone 是什麼？代表了什麼？我們只能說它是新一代的智慧型手機。但是，當時的它並不叫蘋果智慧型手機，賈伯斯賦予了它不一樣的名字：iPhone。

因為在 iPhone 出現之前，智慧手機還是一種很笨重的行動設備，機身正面的一半是鍵盤，另一半才是顯示器。

iPhone 開創了一個全新的手機屬類，從此在消費者體驗裡，有了真正意義上的智慧手機。iPhone 開創了一個智慧手機的新時代。

因此，雙定位從供給側出發，基本原則是鼓勵創新和升級，只有供給側的創新，才能創造全新的屬類，帶給消費者更高的價值、全新的價值，改變消費者原有的消費者觀念，再造消費者心理。

第二，雙定位理論基於消費者深潛的思維模式。

定位理論認為消費者有五大思考模式：

（一）消費者只能接收有限的資訊

（二）消費者喜歡簡單，討厭複雜

（三）消費者缺乏安全感

（四）消費者對品牌的印象不會輕易改變

（五）消費者的想法容易失去焦點

掌握這些特點有利於企業占領消費者心目中的位置。

雙定位理論基於消費者深潛的思維模式：對消費者思考模式的分析基於不斷變化的經濟環境、市場環境，以及基於人性的研究、心理學的研究和探索。

多項研究顯示：人類的大腦是一個非常奇妙的器官。它可以幫助人們辨識人臉和各式各樣的物體，哪怕它們發生了很多變化；大腦能夠一次性處理非常複雜的資訊；甚至現代科學研究發現，高度開發的人腦能夠自由掌控人類的「潛意識」，這是人類在進化過程中形成的潛在能力。對潛意識的利用能夠產生多大的能量，或許我們難以想像，它絕不僅僅是智力和思維能力的些許提高，或許是數萬倍的能力變化。

實際上，人類大腦的潛力遠非普通人的想像。網路經濟、資訊時代的飛速變化，人類不是被動的接受，而是在引領這些變化，不斷開發和創新。人類心智的不斷發展、不斷開發和創造，對供給側提出了更高的要求；人性的喜新厭舊，也為企業的創新提出了更高的要求。

哪怕是世界上最優秀的品牌，也不是在消費者心中一成不變的，品牌必須要不斷創新，不斷演進和提升，才能在不斷提升的消費者心中占據一席之地。

消費者心理不是一成不變的，不是因為有了老品牌的先入為主，新品牌就沒有了機會。品牌的創新從供給側開始，企業的每一項創新和提升，呈現在其提供的產品上。這個產品是廣義的含義，包含各類產品和服務，最終表現在對產品的描述上，也就是屬類上的創新和顛覆。只有在屬類上的不斷創新和顛覆，不斷提升和再造消費者價值，才能超越競爭，打造品牌的策略縱深優勢。

第三，雙定位理論以供給側和需求側為兩翼，是「鉗形制勝」。

定位理論認為：定位就是在顧客頭腦中尋找一塊空地，扎扎實實的占據下來，作為「根據地」，不被別人搶占。

此處所謂的「頭腦」，是指人的思維能力，內在的心理活動，是看不見，摸不著，因人而異的，也是更加豐富的。

正因為心智的不可捉摸，在心中定位往往無所適從，成了眾多企業家和銷售菁英捉摸不透的「魔棍」。

定位的內涵豐富性和心智的詭異性，使「定位」變成了「打飛靶」的遊戲。

每個企業、每個品牌都有自己的定位，成功了，是因為「打飛靶」偶爾打中了目標；沒有成功，只能怪你定位不準，「打飛靶」真正打飛了。

儘管定位理論在中國影響深遠，但是，那些被作為案例隨時提及的品牌，大部分是成功後被按照定位理論再度演繹。

雙定位理論有清晰的思考模式和品牌建構工具體系，不是「打飛靶」。雙定位理論有兩個重要的基點：一是基於供給側的屬類定位，或稱為生產方；二是基於需求側的價值定位，或稱為消費方。

雙定位理論最有效的連接了供給側和需求側，強調從供給側的創新和優勢出發，根據行業趨勢、競爭格局，以及消費者的價值維度，找準自己的屬類定位，將品牌置於一個最有利的位置上。

當明確自己的屬類定位之後，品牌面對消費者就有了價值的發揮空間，基於屬類，可以創新不同的產品；可以聚焦更精準的功能；可以展開想像，給消費者更好的心理享受……

因為屬類的高價值、屬類的差異化，能夠為消費者帶來不一樣的消費體驗和價值。同時，基於雙定位策略，以雙定位為核心，打造品牌元素，讓品牌內涵更豐滿。

因此，雙定位理論以供給側和需求側為兩翼，是一套思維的邏輯、可操作的體系，是「鉗形制勝」，如同兩點才能確定一條直線，兩根筷子才能夾起一個雞蛋。

雙定位理論提供了一套有價值的行銷思考邏輯

作為供給側的企業，任何經營活動的創新：技術、產品、資源、環境、市場等，都必須回答另一個問題：它能夠帶來的市場價值是什麼？能夠為目標消費者帶來的價值是什麼？從而形成基於市場、基於消費者價值的雙向思考模式。只有企業管理者在企業經營的每個環節以為顧客創造價值為核心，其創新活動才具有市場價值。

海爾電熱水器在海內外品牌的圍追堵截中脫穎而出，是雙定位成功的典範：其屬類定位「防電牆」熱水器，帶給消費者的價值定位為「安全」，如果沒有屬類的創新，僅僅說自己是「安全」的電熱水器，則無法建立差異化競爭優勢。實際上，從技術角度講，幾乎所有的電熱水器品牌都能夠做到安全。消費者會問一個問題：你的產品為什麼安全？海爾說，我有防電牆，所以是安全的。

寶僑旗下品牌「舒膚佳」進入中國市場所向披靡，長盛不衰，也是雙定位成功的典範：舒膚佳定位為「殺菌」香皂，二十多年來就做這兩個字的生意。但是，如果僅僅把「殺菌」作為自己的定位，舒膚佳不可能獲得驕人的成績。舒膚佳的成功，在於成功運用了雙定位體系：屬類定位：迪保膚；價值定位：殺菌。因為具有獨有概念的屬類，因此才有了殺菌的價值。否則，僅僅以「殺菌」作為定位，無法與其他的品牌形成區隔，也無法建立自己的競爭優勢（見圖 3-2）。

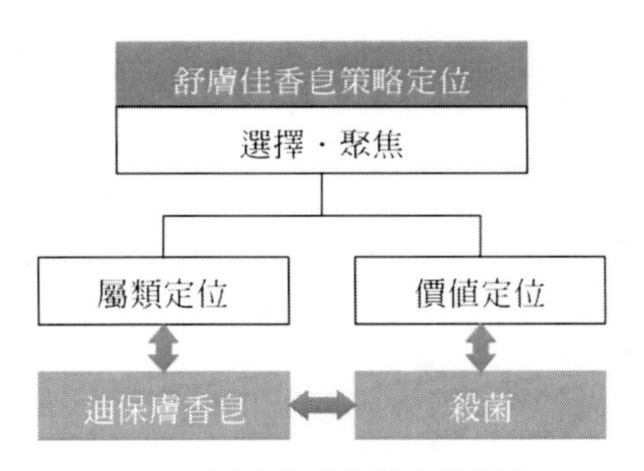

圖 3-2　舒膚佳香皂雙定位策略

「雙定位」符合消費者購買思維邏輯。

企業所有經營活動的目標是滿足和創造顧客需求。深入了解顧客的購買心理，也是基於兩個方向的思考。一個成功的購買過程清晰的回答了消費者的兩個問題：你是不是我想要的屬類？你能否提供我需要的價值？消費者通常用屬類表達需求，用價值做出選擇。

成功的購買＝你是我想要的屬類＋你能提供我需要的價值

雙定位理論理想詮釋了杜拉克的觀點：「企業有且只有兩項最基本的職能：行銷和創新。」

關於行銷的理論和方法汗牛充棟，但是，什麼是最有效的創新？杜拉克認為，創新不是科學和技術，是價值；創新是以市場為中心而非以產品為中心。具體而言，到底什麼是創新？

既然企業所有的創新以市場為中心，是為了更好的創造顧客需求，那麼首先要考慮創新成果如何轉化為市場價值。企業的創新面向市場的根本目的是創造價值，創新可能是技術創新、產品創新、管理創新或來自市場的創新，創新是為了創造不同，創造差異化。創新成果如何轉化為市場價值？最直接的方式表現為顛覆性的屬類。

如果眼光只盯著消費者需求，刺激需求側，很容易形成一個認知：給消費者一個動心的「利益點」。許多企業苦苦思考：這個點到底是什麼呢？

魯花訴求「香飄萬家」，金龍魚玉米油說「清香不油膩」。但是消費者的思考邏輯是「5S 魯花，香飄萬家」，這就是典型的雙定位思維，基於供給側屬類定位：5S 壓榨花生油；基於需求側價值定位：香飄萬家；消費者會想魯花的花生油更香，因為它是「5S 壓榨」。如此分析金龍魚玉米油，有多少消費者會想到：我要吃金龍魚玉米油，因為它清香？

同樣是涼茶，王老吉訴求「怕上火喝王老吉」，和其正說「大罐更盡興」。消費者的思考邏輯是「正宗紅罐涼茶」，所以「怕上火喝王老吉」。基於供給側屬類定位：正宗紅罐涼茶；基於需求側價值定位：能夠預防上火。反觀和其正，「更盡興」是否是消費者必須買的理由，「更盡興」是因為「大罐」嗎？

同樣是黑豬肉，野蠻香訴求「長白山散養黑豬肉，三野五穀野蠻香」，消費者會想，因為是長白山散養的，所以吃三野五穀肉更香；有許多黑豬肉訴求「回到兒時的滋味」，各個年齡段的消費者「兒時的滋味」不一樣？憑什麼能找回兒時的滋味？

雙定位思維同樣適用於工業品領域。中國油煙機市場硝煙彌漫，海內外品牌同臺競爭，大家都在搶占消費者的「利益點」，健康、乾淨、不跑煙等，將焦點集中在油煙機的消費者利益上，造成訴求雷同，拚殺更多的是廣告和促銷。而老闆油煙機創新技術，推出了「大吸力油煙機」，從眾多利益點的訴求中脫穎而出。運用雙定位思維分析：老闆牌因為是大吸力油煙機，所以更乾淨、不跑煙。「大吸力油煙機」是基於供給側的產品屬類定位，帶給消費者的價值定位則是「乾淨不跑煙」（見圖3-3）。因此，企業要想進行價值升級，給消費者可以信賴的價值，必須從供給側的創新入手，將企業的技術創新用全新的屬類表達出來，將技術價值轉化為市場價值，這也是企業供給側改革的要義。

野蠻香
黑豬肉
长白山散养
三野五谷野蠻香

圖 3-3　老闆油煙機雙定位策略

雙定位的理論體系，工具和方法經過了十年的實踐證明。雙定位理論成功指導了中國眾多的品牌走出困境，建立了長期的差異化優勢，得到了眾多企業的高度肯定。實踐是檢驗理論的唯一標準，雙定位理論的權威性來源於實踐和實戰的檢驗。對於雙定位理論的認知和應用，本質上不在於「知」，而在於「行」。對雙定位理論的認識有多深，對於品牌和行銷實踐的效果就有多大。

雙定位明確了企業的經營之道

條條大路通羅馬。企業在通向成功之路上，沒有標準模式，沒有可模仿的套路，還會遇到形形色色的機會和陷阱。如果缺乏一套清晰的經營之道，沒有清晰的策略決策，很有可能走偏方向，對企業造成極大傷害。

什麼是經營之道？根據我們二十年來對企業的諮詢和研究，所謂的經營之道就是企業的策略方向，就是企業的決策之道。它在企業特定發展階段回答了兩個問題：一個是基於企業供給側回答：企業從當前到未來的一段時間裡，清晰的業務是什麼？要做什麼？要聚焦在什麼屬類方向？哪些是能做的，哪些是不能做的？另一個是基於需求側回答：企業或產品聚焦於這個屬類帶給消費者和大眾的價值是什麼？這個價值是不是當前或未來很長時間裡消費者真正有需求的價值？

回答這兩個問題，關鍵不是從企業內部去梳理，基於企業內部的發展方向和目標，很難達成共識。回答的關鍵是基於市場競爭格局，要了解行業大勢和競爭格局，企業進入任何一個領域，面對的競爭對手有哪幾類，它們占據了哪些關鍵點。如果企業想進入多個領域，要一一分析在不同領域的競爭對手，根據自身的核心競爭優勢選擇最有可能快速突破的領域，明確定位，集中資源衝開市場。

對這兩個問題的回答整合起來就是企業的經營之道。這兩個問題的回答我們稱之為雙定位理論。因此，雙定位理論解決的，就是企業經營之道的問題。

如果這兩個問題不夠清晰，則企業缺乏一套指導性的經營之道，我們可以大致知道企業一定存在如下的問題：

第一，企業說不清楚自己是做什麼的，不僅企業領導層說不清楚，自己的員工團隊更說不清楚。因為缺乏清晰的屬類定位，工作執行必然出現各人一把號，各吹各的調，工作目標和原則很難統一起來。

第二，企業延伸了許多產業，但沒有把其中任何一個做到行業最好、最經典。對外部出現的機會或陷阱無從判斷。企業延伸產業有很多理由，比如政府領導者的期望，行業專家的建議，當前的經營出現了困難，還有企業家的雄心壯志……如果沒有運用雙定位經營之道作為企業決策的準則，作為取捨依據，就可能頭腦發熱延伸到多個領域，造成企業和品牌定位模糊，資源分散，龐大的投入變成沉重的包袱，騎虎難下……

第三，企業帶給消費者的價值和利益說不清，無法聚焦，不能給消費者一個明確的購買理由。

只有企業的經營之道清晰，才能以企業和品牌定位為核心，聚焦核心產品和服務，建構完整的品牌體系。企業上下更清晰企業的發展方向，明確業務發展的邊界，更容易形成合力，提高效率。

百度的雙定位經營之道

以百度為例，1999 年年底，身在美國矽谷的李彥宏看到了中國網路及中文搜尋引擎服務的龐大發展潛力，他毅然辭掉矽谷的高薪工作，攜搜尋引擎專利技術，於 2000 年 1 月 1 日在中關村創建了百度公司。

百度在成立之初，其主要產品其實只是一個「幕後工具」，主要面向各類網站提供一套搜尋技術和工具，而非個人使用者。

2000 年 5 月，百度首次為入口網站 —— 矽谷動力提供搜尋技術服務，而後又向新浪、搜狐等入口網站提供中文網頁資訊檢索服務，彼時百度的定位是搜尋技術提供商，為入口網站提供最好的技術服務。此後，成立半年的百度迅速占領了中國 80%的網站搜尋技術服務市場。

然而好景不長，2000 至 2001 年，網路迎來第一次「泡沫」和「崩盤」，無數網站被關閉，許多域名都成了「死連結」。

突如其來的一切，讓李彥宏開始意識到轉型已經迫在眉睫。於是，他決定迅速調整策略，將業務定位從面向企業提供搜尋技術轉為自行經營搜尋引擎。同時，在商業模式上也有所變化，採用「競價排名」，即根據支付費用的多少來決定廣告主在網站中的展示資訊排名位置。

同年，百度正式推出獨立搜尋引擎，直接服務於客戶端使用者，業務重心正式開始從「面向企業」轉向為「面向使用者」。其經營之道也發生了質的變化，基於企業供給側的屬類定位為：中文搜尋引擎；面向使用者提供的價值定位於讓網友更平等的獲取答案，找到所求；其品牌口號形象地傳遞了其雙定位策略：百度一下，你就知道（見圖 3-4）。

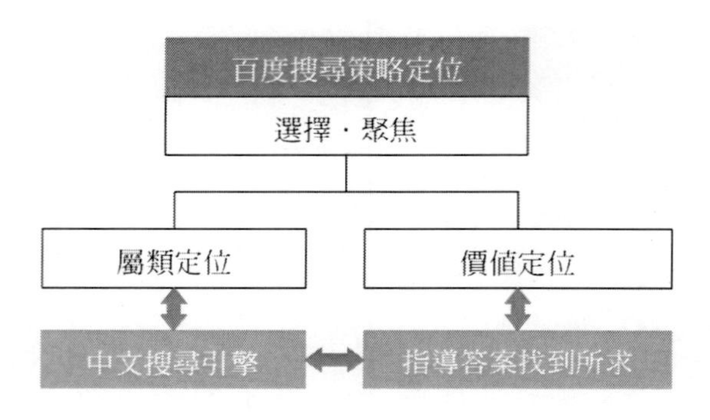

圖 3-4　百度搜尋雙定位策略

這兩個決策成為百度此後十多年裡得以持續發展的基礎——此後百度所有的成功和可能性，幾乎都源自其「搜尋引擎」產品所獲取到的龐大流量，以及其搜尋廣告收入的持續穩健成長。

如今，百度已成為全球知名的中文搜尋引擎和最大的中文網站。

雙定位缺失的青花郎

2017 年 7 月 16 日，郎酒集團青花郎策略發表會在二郎鎮舉行。郎酒集團董事長汪俊林正式發表青花郎新策略：對標茅台，青花郎新定位為「中國兩大醬香型白酒之一」，開啟郎酒新的黃金十年，並啟動了龐大的廣告宣傳計畫，青花郎終端價格上調，逼近茅台。

郎酒有一百多年的歷史，與茅台隔河相望，兩者堪稱赤水河畔的姊妹花。近幾年，郎酒集團實行「一樹三花」策略，即同時打造醬香、濃香、兼香三大香型白酒，以多品牌「狼群戰術」攻城略地。而此次調整後，郎酒集中所有資源做青花郎和紅花郎兩款醬香型產品，走企業聚焦發展路線，並將青花郎對標茅台，其定位為：「雲貴高原和四川盆地接壤的赤水河畔，誕生了中國兩大醬香白酒，其中一個是青花郎。青花郎，中國兩大醬香白酒之一。」

從競爭策略而言，青花郎對標茅台，看起來是「借光」第一品牌的並聯策略，將青花郎和茅台並聯起來，意圖實現行業雙雄的策略目標。

商業上有許多領域存在「雙雄」，在定位理論裡有一個「二元法則」，認為在消費者大腦裡任何一個品類裡面只能記住兩個品牌，並最終由兩個品牌主導。比如可口可樂和百事可樂，康師傅和統一、茅台和五糧液……

而實際上，並聯策略的核心，不在於並聯，而在於定位的對立或者差異化，所有商業中稱為「雙雄」的，一定是因為其挑戰者的對立或差異，在競爭中達到平衡，在對立中達成和諧。

茅台作為「國酒」不僅是個產品品牌，更不僅是醬香的代表，茅台更具有身分地位和象徵意義。青花郎對標茅台，其品牌定位是什麼？對標的又是什麼？僅僅因為是醬香型白酒？或者兩者都在赤水河畔？何況赤水河畔的醬香型白酒豈止這兩家？如果沒有明確的和茅台不一樣的定位，既沒有差異化的屬類，又缺乏獨特的可以和茅台對壘的價值，靠什麼和茅台對標？

從目前的行銷表達來看，青花郎實際是作為茅台醬香型白酒的跟隨者出現的，無疑在向市場宣布：茅台做醬香型，青花郎也是醬香型……但是，茅台作為身分地位的象徵意義，青花郎又靠什麼跟隨？

只有定位對立或差異化的品牌才可能實現競爭中的雙雄，跟隨只能跟在大哥後面做小弟，只要大哥一息尚存，小弟則難有出頭之日。

曹操和劉備是雙雄，關羽和劉備只是下屬關係；項羽和劉邦是雙雄，張良和劉邦只是下屬關係。

如果你實力足夠，對立並聯可能成就雙雄；而跟隨並聯最多成為老二。在當今網路時代，世界是平的，老二終究沒有機會！

雙定位跑偏的九龍齋

傳統的酸梅湯是由遍布街頭巷尾的飲料鋪來提供，配方大同小異，基本都採用零售的方式銷售，店主將熬好的酸梅湯裝進杯子裡擺在店鋪外的櫃檯上，炎炎夏日，路過之人幾分錢即可買一杯，飲後暑氣頓消、遍體清涼、生津開胃。雖然數百年以來酸梅湯一直是小作坊式的生產模式，沒有工業化生產，但是數百年的歷史也造就了不少老字號和地方名牌，其中最為典型的是北京的信遠齋和九龍齋、杭州的張長豐和武漢的老萬成等，在當地小有名氣。

酸梅湯飲用後有消除疲勞、振奮精神、清氳去暑、開胃止痢、解酒去嘔等功效，是理想的綠色飲料。從營養成分上來說，酸梅中的有機酸含量非常豐富，如檸檬酸、蘋果酸等。其中，有一種特殊的檸檬酸，它能有效的抑制乳酸，消除疲勞，並能去除使血管老化的有害物質。酸性物質還可以促進唾液腺與胃液腺的分泌，不僅生津止渴，出外遊玩時還能避免暈車，或者在喝酒過多後，產生醒酒的作用。酸梅中含有多種維生素，尤其是維生素 B2 含量極高，是其他水果的數百倍。雖然味道酸，但它屬於鹼性食物，肉類等酸性食物吃多了，喝點酸梅湯更有助於體內血液酸鹼值趨於平衡。另外，酸梅還是天然的潤喉藥，可以溫和滋潤咽喉發炎的部位，緩解疼痛。

2007 年 6 月，燕京飲料利用百年老品牌「九龍齋」高調推出了酸梅湯瓶裝飲料。並借助外部的力量，將九龍齋品牌屬類定位為「正宗酸梅湯」，價值定位為「解油膩」，後來屬類定位調整為「老北京酸梅湯」。

消費者可以這樣理解，九龍齋因為是正宗酸梅湯，所以能夠解油膩，屬類定位支持價值定位，從兩個角度思考為九龍齋做了定位。

只是直到今天，九龍齋酸梅湯市場一直沒有做到預期的效果，問題出在哪裡呢？

還是出在了雙定位與消費文化的對接上。首先是屬類定位：正宗酸梅湯，我們要問問，在中國市場，「湯」是一個屬類嗎？或許在老北京有酸梅湯這樣的屬類認知，但是，酸梅湯要走向更廣闊的市場，就要問「湯」在中國大部分地區是不是一個如同飲料或水一樣的品類？消費者有沒有超市買「湯」喝的習慣？

2011 年，美國最大的湯品牌「金寶湯」就和香港太古集團成立合資公司，進軍中國大陸日益成長的湯品市場，但是，在擁有千年湯文化、習慣老火煲慢湯，每年可以喝掉六個半西湖的中國，金寶湯最終也沒有走進消費的生活。

其次要考慮，屬類名是不是要冠以「酸梅」？酸梅湯成分包括烏梅、山楂、甘草、陳皮、桂花、冰糖等，都是藥食同源的好材料，烏梅別名酸梅，從消費者認知和聯想的角度，首先，寧可稱烏梅，也不宜稱酸梅，提起酸梅，還沒喝，就彷彿聞到了酸酸的味道，僅這種聯想，就會讓許多消費者望而卻步。

再說，這些成分混合在一起，何不避開具體的配料，另外打造一個消費者能夠認知又不同的新屬類？如同「三花三草一葉」七種本草原料混合在一起，稱為「涼茶」，而不是稱為「金銀花茶」，九龍齋六種原料混合在一起，產品已經不是某種原料的功效，而是一個「配方」的功效，而配方的價值則高於單個原料的價值，因此，完全可以打造一個全新屬類，避開對於酸梅的單原料聯想，同時賦予產品更高的價值感。

雙定位的另一個思考方向是基於需求側，也就是消費者價值，九龍齋經過重新提煉打造的新屬類，帶給消費者的直接購買理由是什麼？

「解油膩」是一個好的價值點嗎？

該品牌廣告語「解油膩，喝九龍齋酸梅湯」，和早期王老吉的「怕上火喝王老吉」，如出一轍，但是，其背後的文化基因全然不同。王老吉這句廣告語不是贏在句式上（自王老吉成功後，許多品牌模仿王老吉廣告語推出同樣的句式），而是成功在其價值訴求具有深厚的文化基礎。

中國人和「上火」似乎息息相關，可能隨時隨地會上火：在公司被主管批評了上火，和老婆吵架了上火，孩子作業沒完成上火，吃辣了上火，吃多了也上火……「上火」文化和每個人都不陌生，因此，王老吉說「怕上火喝王老吉」，我們每個人聽了都莞爾一笑。正是因為有深厚的「上火」文化土壤，所以，能夠長出王老吉、加多寶這樣的參天大樹。

但是，「解油膩」有這樣的社會認知和文化基礎嗎？我們在生活的什麼場景、什麼時候需要解油膩？

能夠想到的大概是過年過節大吃大喝，或者請客宴席上胡吃海喝，需要解油膩。普通百姓的生活裡，完全可以根據喜好選擇口味輕重，加上現代人養生觀念漸濃，清淡飲食越成趨勢，「解油膩」的訴求顯然並不符合未來消費者的需求方向。

因此，用雙定位思維來分析九龍齋酸梅湯，其核心問題依然在於策略跑偏，沒有找到真正屬於這個屬類的經營之道。因此，市場難有起色也在預料之中。

案例分享

案例　景芝酒業：聚焦新屬類創造高附加價值品牌

2006 年，我們介入景芝酒業的品牌企畫時，全中國高級白酒市場競爭烽煙四起，中國大的名酒廠家均不斷推出自己的高階品牌，高階市場的競爭已成為白酒行業的焦點。創造品牌的差異化、個性化，形成自己獨特的競爭優勢，打造高附加價值品牌，是所有已經進入和即將進入高級白酒市場的廠商發展的必由之路。當時的山東高級白酒市場由外來強勢品牌占據，主要以五糧液、茅台、水井坊、國窖 1573 等分割著整個山東高級白酒的主流市場。魯酒軍團中還沒有全中國性品牌。雖有企業也推出了高級白酒，但是只是在區域市場中占有一席之地。

新屬類才有高價值，別的企業做通路、做廣告、挖故事、造工藝，都沒有本質上的改變。濃香型白酒的代表是四川，山東很難玩出高價值品牌。

景芝酒的優勢在哪裡？

普通消費者熟知的景芝白干，曾在 1915 年入展巴拿馬萬國博覽會，是中國八大知名白酒之一，榮獲「中華老字號」稱號。而且，其芝麻香型白酒工藝技術獨特。景芝原創了芝麻香型，榮獲「中國芝麻香型白酒代表」稱號，並為該香型國家標準的起草者。

但當時的情況是，景芝白干及景陽春系列等產品具有明顯的強勢區域品牌優勢，但是高階產品占有率低，高階品牌影響力很弱。尤其是芝麻香型，在全中國眾多的香型中影響力極弱，和濃香、醬香、清香三個香型比起來，大部分的消費者根本不知道有芝麻香這一香型。

面對現狀，景芝欲「闖陣」高級白酒市場，在其中謀得一席之地，非有特別策略絕非易事。

綜觀市場競爭和強勁的對手，景芝必須找到獨有的優勢，深入挖掘。我們能找到的，人無我有的，只有當時影響力微弱的「香型代表」——芝麻香型。

芝麻香型作為景芝酒業原創香型，位於清、濃、醬三種基本香型的三角形中心，口感細膩醇和，淡雅爽淨，細品有一種芝麻的香味，自成一格。因這種產品儲存時間長、製造工藝複雜，產量極少、生產成本相對較高，是現代中國白酒兩大創新香型之一。

在景芝所有產品中，景芝神釀是中國芝麻香型白酒的代表，是該香型中第一個真正投入市場的白酒品牌。

我們意識到，芝麻香型正是景芝酒突破的一把尖刀，不怕這把尖刀還不夠鋒利，只要有這把蓄勢了五十年的尖刀，我們就能讓它變得鋒利。

聚焦芝麻香型獨特屬類，並聯策略再造價值！

所謂並聯策略，就是企業依據品牌並列原則，透過各種方式與同行業中的知名品牌建立一種內在連結，把自己與行業領導者緊緊捆綁在一起，以產品最具優勢的屬性、特點與行業領導品牌進行有效並聯，直接以高姿態展示自己的個性並建立競爭壁壘，從而使企業迅速成長為該領域的領導者。

如何把景芝酒的獨特定位迅速放大？在人們心裡，茅台是醬香型白酒的代表，五糧液是濃香型白酒的代表，汾酒是清香型白酒的代表。景芝品牌影響力雖然不及上述三個，但是，從香型代表的角度上，景芝完全有理由和它們並列起來。

在景芝酒的企畫中，我們運用的策略，就是把茅台、五糧液、汾酒和景芝並列在一起，企劃了系列公關活動，並特意做了幾千個白酒香型展示酒櫃，把四大香型的代表性白酒品牌茅台、五糧液、汾酒、景芝並列放在同一個展示櫃裡，把酒櫃擺放在上千家高級餐廳裡，短時間內迅速提升了景芝酒的品牌價值及影響力。

案例　太陽雨：保溫科技價值再造開創太陽能保熱時代

2003 年，太陽雨太陽能熱水器剛剛起步，那時候，整個行業大約有三千家企業，行業龍頭企業引導並占據「吸熱」概念，眾多企業跟隨，行業進入同質化競爭階段。

當行業產能過剩時，大部分企業的做法是，透過降低價格實現銷售的目的，這是中國企業根深蒂固的思維：薄利多銷。當時太陽能熱水器紛紛擴大產能，降低價格，2,200 元人民幣到 2,100 元人民幣，再到 2,000 元人民幣，再到 1,800 元人民幣……小企業因沒有規模帶來的成本優勢，只能透過降低原材料成本，犧牲品質的方式來降低價格，最終導致了低質低價。

太陽雨卻走出了創造高附加價值的一條路。

如果消費者認為 A 產品與 B 產品是一樣的，只是價格不同，消費者一定會買價格更低的。因此，要創造更高的價值，一定要先創造出差異。

第一步，太陽雨在熱水器的內外桶之間，填充聚氨酯泡沫的地方，增加了防止熱量輻射的鋁箔，對外桶保溫有一定的作用。

但是，如果沒有有效的區隔，其他公司很快可以學會，差異化很快又變成了同質化，太陽雨不能靠此創造價值。

第二步，太陽雨對此申請了實用新型專利。

但是幾乎每個公司，都申請了多項專利，即使沒有申請專利，也可以用類似的技術實現同等效率，此方法也創造不了高價值。

第三步，太陽雨把鋁箔進行了處理，讓消費者看不清其中的奧祕，並為此技術取一個名字 —— 絕熱膜。這看起來是一個新概念。

但是，同樣的，許多公司創造了獨有的概念。在不同行業，企業創造的概念層出不窮，但大部分終究沒成氣候，缺乏壁壘的概念並不能創造價值。

第四步，太陽雨將具有絕熱膜技術的產品定位成一個全新的屬類——保熱牆熱水器。

第五步，太陽雨把「保熱牆」申請為一個商標，其他公司無法使用同樣的概念。至此，太陽雨真正擁有了一個具有差異化的產品屬類。

保熱牆太陽能帶能消費者的價值是什麼？不僅能吸熱，還能夠保熱，因此，「有保熱牆的太陽能冬天更好用」，價值定位「冬天更好用」應運而生。

雙定位策略明晰的太陽雨太陽能熱水器從此駛入了發展的快車道，2004 至 2005 年，太陽雨品牌成功升級，進入行業前五名，其核心太陽能產品，開創並領航太陽能熱水器進入保熱時代，單產品附加價值提升 10%以上，產品年銷量翻一番，2008 年銷售額達到近 10 億元人民幣。

第四章
企業供給側改革的雙定位思考

第四章　企業供給側改革的雙定位思考

企業供給側改革的發力點、企業改革與創新的立足點，不在於普通意義上的技術創新、模式創新，也不是簡單的製造高階產品的產品思維；企業供給側改革的要義，是品牌的升級和轉型！

品牌的建立要從企業供給側出發，品牌是企業供給側的策略選擇，絕不是針對需求側的表面工夫。

兩年來，「供給側改革」成為全社會的「理論話語」。作為企業的服務人，我們最關注的是中國企業在這場供給側結構性改革中應該做什麼？應該怎麼做？

什麼是供給側改革？按照官方的理論，需求側有投資、消費、出口三駕馬車，供給側則有勞動力、土地、資本、創新四大要素。它們之間的關係如圖 4-1 所示。

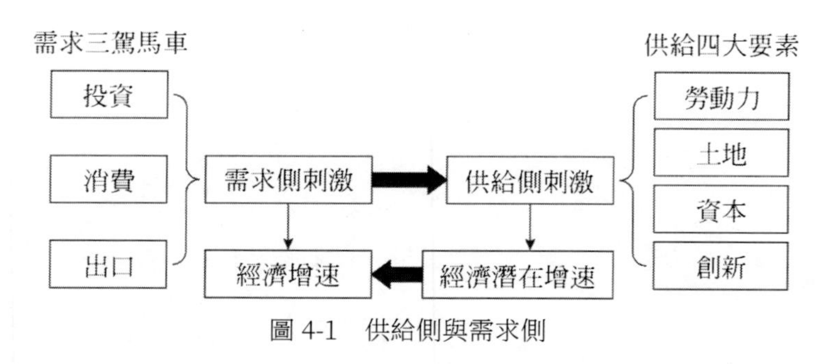

圖 4-1　供給側與需求側

過去三十年，中國經濟增速主要靠需求側刺激，但 2007 年以來中國經濟增速逐年下滑，各種需求刺激收效甚微。與此同時，在消費領域中卻出現了令人咋舌的奇觀：中國消費增速不斷下降，但中國民眾卻在海外瘋狂掃貨。中國的奶粉賣不動，大批中國人卻到國外搶購價格更高的奶粉，到日本搶購電鍋、馬桶蓋……中國航空客運增速緩慢下行，但跨境出遊卻持續高成長。

所有這些，都和中國的企業有關。從這些現象上看，供給側改革，主體就是中國企業。

供給側改革，主體就是中國企業。

對於企業來說，重點應關注兩個要素，一個是供給側的「創新」要素，另一個是需求側的「消費」馬車。中國改革開放的四十年裡，從需求極度短缺到極度過剩；從「好酒不怕巷子深」到「皇帝的女兒也愁嫁」；市場競爭從初級買賣到點子呼攏，從「賣點傳播」到「定位制勝」，從廣告燒錢到市場企劃，從通路制勝到終端為王，從一線到二線到三線到農村……企業沉浸在資源低廉、人工低廉、市場渾水摸魚、技術拿來主義，沉浸在模仿、山寨、物美價廉、中國製造的狂歡中，中國企業做了太多針對消費者的「需求側」刺激。

經濟繁榮了，人們有錢了，中產階級覺醒了，奢侈享受抬頭了，企業才發現，消費者越來越挑剔了，廣告不信了，促銷不靈了，產品品質不得不規範了，企業利潤卻越來越薄了，一批批企業輪番上演著生死大逃亡。企業對於需求側的刺激果真不靈了。出路在哪裡？從哪裡突圍？「供給側改革」是一條求生之路嗎？

企業供給側改革如何創新，新技術、新模式、新概念、新業態、新品類……所有這些創新，能否為企業帶來新的市場、新的生機？

中國人到國外搶購電鍋、馬桶蓋，因此，許多人認為，是中國的高階產品不足，供需錯配才是實質，因而需要從供給端著手改革。

但實際上，許多中國人到國外搶購回來的品牌，仔細一看製造商，赫然標示著中國製造。

在大部分的消費品領域，中國缺乏的不是高階產品，而是高階品牌！

品牌，才是真正的大國重器！中國設立「品牌日」的意義正在於此。

經濟強國歷來是品牌強國。在市場經濟、品牌經濟時代，企業與企業、國家與國家之間的較量，一言以蔽之：品牌之較量！

企業供給側改革的發力點，企業改革與創新的立足點，不在於普通意義上的技術創新、模式創新，也不是簡單的製造高階產品的產品思維；企業供給側改革的要義，是品牌的升級和轉型！

企業供給側改革，不是技術思維，也不是產品思維，而是品牌思維

品牌的內涵連接著供給側和需求側，其意義對於企業和消費者同樣重要。但是，一味的刺激需求側產生消費，並不是建立品牌的根本路徑；相反，品牌的建立要從企業供給側出發，品牌是企業供給側的策略選擇，絕不是針對需求側的表面工夫。

蘋果公司的成功不是因為技術創新，也不是因為產品功能、銷售模式或者廣告力度，雖然這些也是成功的因素，但絕不是核心要素。蘋果的成功，是基於企業供給側的核心優勢和市場競爭，將技術優勢、產品優勢轉化為品牌優勢和市場優勢，用全新的概念 iPod、iPhone 等，鎖定屬類和品牌，輔之以優秀的戰術操作，從而成為這個領域的代表和領先者。在需求側，蘋果帶給消費者的價值，已經超越產品本身的價值，實現了高階品牌帶來的心理、情感和身分價值。

曾經，中國手機企業的總銷量等於蘋果＋三星的銷量，但是所獲得的利潤相去甚遠。其中，蘋果一家一度占據了手機行業 80%左右的淨利潤，蘋果手機 2015 年僅淨利潤就超過 2,000 億元人民幣，沒有別的，就是因為蘋果早已突破了產品價值，帶給全球消費者不一樣的品牌體驗。

企業供給側將新技術、新模式、新概念、新業態等以新屬

類方式和品牌相鎖定，針對需求側，帶給消費者包含著功能、心理、情感、身分價值的品牌價值，實現供給側和需求側品牌價值連接，是企業供給側改革和品牌建設的核心意義。

這種基於供給側和需求側的品牌思考邏輯，就是雙定位品牌理論思維（見圖 4-2）。

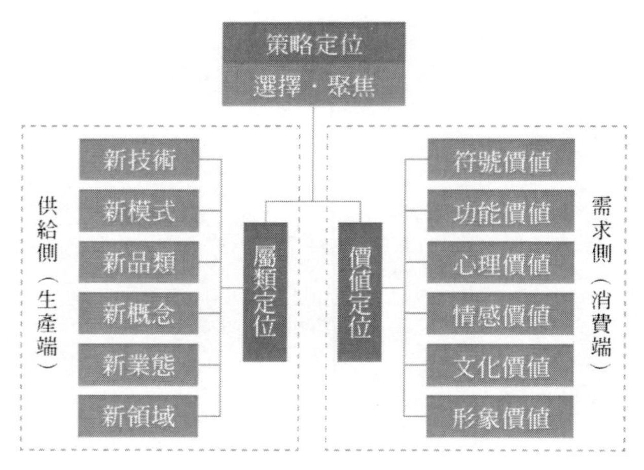

圖 4-2　供給側改革雙定位品牌理論模型

雙定位品牌理論，為企業供給側改革提供新思路

雙定位品牌理論的內涵基於供給側和需求側提出了兩個問題，是消費者對於品牌的兩個問題：第一個問題：你是什麼？

即品牌背後的業務是什麼，屬類是什麼？稱為屬類定位。第二個問題：我為什麼要買你？即品牌背後的利益和價值是什麼？稱為價值定位。我們把基於供給側的屬類定位和基於需求側的價值定位稱為雙定位理論。

企業創建品牌，第一個要思考的問題：你的業務是什麼？是在哪個領域和誰競爭？在這個領域裡的核心競爭優勢是什麼？如何把優勢轉化為能夠讓客戶或消費者認知和理解的屬類？

許多企業多年發展中創造了獨有的優勢，比如技術專利、全新功能、全新模式等，遺憾的是它們中的許多並沒有獲得市場的認可。原因就是沒有回答好上述幾個問題，沒有業務的明確聚焦。另外重要的原因是沒有將企業創新的技術、產品功能等轉化為能夠讓市場理解和接受的屬類。

我們看到過很多的企業家，他們的抽屜裡鎖著不少創新成果，但是，他們的品牌力量很弱，市場銷售並不好。並沒有把創新的優勢轉化為市場力量。

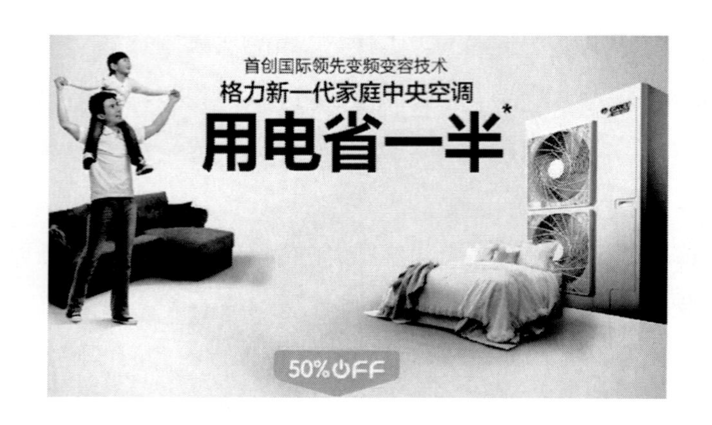

雙定位品牌理論，
讓企業供給側改革煥發新的力量

企業供給側改革的核心是品牌思維，企業創新的每一步，是為品牌累積和強大做加法，目的是建立強大的品牌。企業的創新不是停留在技術和設備和創新上。創新要和品牌建立連結，每一步創新，都要考慮是不是能夠聚焦企業的核心策略優勢，能不能轉化為強大的市場力量，能不能為品牌增加力量。

華為的成功與強大，首先是在技術上不斷攀登制高點，占據科技行業的策略高地。更重要的是，華為將小步領先的優勢，在市場推廣和營運模式上充分發揮出來，首先建立起在B2B領域的品牌優勢，待實際成熟，將強大的品牌優勢轉化為手機領域的市場優勢。華為已成為全球第三家年智慧手機銷售

過億部的公司 —— 五年時間業績成長三十倍，從 300 多萬元人民幣成長到 1.08 億元人民幣，2017 年華為手機出貨量更是達到 1.53 億部、營收達到 2,360 億元人民幣。將技術力量轉化為品牌力量是商業競爭的本質，也是核心要素。

雙定位品牌理論，立足於企業供給側的創新，同時關注需求側價值。

品牌是企業發展的核心策略，品牌也是消費者關注的價值高地。雙定位理論是從市場角度提出的兩個問題，企業在建構品牌策略時，要充分關注消費者價值，在消費者心中找到既有認知又有區隔的價值高地。因為有供給側創新的屬類定位，從而帶給消費者差異化的高價值。既要告訴消費者品牌聚焦的屬類，又傳遞給消費者不一樣的價值。也唯有差異化的屬類，才能夠創造差異化的價值。企業立足於供給側的品牌建構，是主動吸引消費者；而不是用同質化的產品，刺激消費者的需求。

格力電器是中國製造的驕傲，格力的成功同樣是基於供給側的創新力量；格力以創新科技落實基礎，不斷推出新產品引領行業發展。比如格力去年推出的新一代家庭中央空調，該產品「首創國際領先變頻變容技術」，共申請國家發明專利三十六項，國際專利兩項，被專家評審為技術達到「國際領先水準」。對於這樣一款高技術產品，格力將其屬類定位為「新一代家庭中央空調」，替消費者帶來的利益為「用電省一半」。在企業供給側，格力將不一樣的技術，轉化為不一樣的屬類定位，從而帶給消費者不一樣的品牌價值。格力這家專業化經營空調的企業，淨利潤超過多個多元化家電企業，在消費者心目中也有著高價值。

雙定位品牌理論，讓企業供給側改革以創新為依託，以品牌為目標

中國將供給側結構性改革的重點確定為「去產能、去槓桿、去庫存、降成本、補短處」，尤其是堅定的「去產能」措施，對眾多中小企業帶來沉重壓力。比如，山東淄博的陶瓷企業，因為去產能，當地的瓷磚產能一年之內急遽下降到不足原來的三分之一，眾多中小企業被迫停產關門，當地作為中國重要瓷磚產區的優勢不復存在。倖存下來的中小企業不得不重新思考出路，從原來的貼牌代工轉向建立自主品牌……雖然這條道路十分艱難，但是，作為企業，要清醒的看到，無論面對中國市場或國際市場，真正具有通路話語權、價格話語權、生存話語權的只有品牌。中國經濟已經進入了品牌經濟時代，面對新一輪供給側改革，企業能夠做的、必須做的，就是藉供給側改革契機，儘早建立強大的品牌，運用雙定位理論思維，進行品牌策略規劃，在新品牌經濟時代揚帆起航！

「雙定位」焦點明確，指向兩個方向，一方面針對供給側的屬類定位，另一方面針對需求側的利益和價值定位，兼顧需求和競爭。

屬類定位是生產者融合前瞻性眼光、最尖端科技、行業發展階段和企業獨特優勢而實施的競爭策略；價值定位是針對消費需求的轉型升級，運用品牌經濟規則，為建立和累積競爭優勢而實施的品牌策略。

企業供給側創新的根本是為品牌做加法

企業如何創新？杜拉克說過，企業有且只有兩項職能，創新和行銷。企業供給側能夠做的事情，也唯有創新。到底什麼是企業的創新？創新的方向和目的是什麼？

在我們看來，企業創新的目的是為了更好的行銷，而行銷的核心就是不斷強壯自己的品牌。而現在許多企業的創新，脫離了這個方向，創新成了盲目跟風找出路。比如，許多傳統製造企業在過去二三十年的粗放式發展中，依靠低廉的原材料成本、人力成本，依靠低階市場，依靠突然爆發的房地產市場，賺錢很輕鬆；到當前市場競爭升級，原料人力成本上升，低階市場飽和的時候，企業盈利不容易了，銷售額下降，利潤攤薄，靠精神喊話、跳勵志操、對員工洗腦、向客戶送錢，拉著代理商加盟商吃吃喝喝，這些老辦法解決不了問題了，即使這樣，他們也很少從策略上思考問題癥結，而是把問題歸咎於網路，因為網路，廣告不起作用了，實體賣不動了，消費者年輕化了（彷彿一夜之間，中老年人沒有消費了），傳統產業沒有希望了。

有一部分企業家聽了一些網路思維的講座之後，立即決定要轉行了（注意不是轉型升級），做農機的改做小額貸款，做燒雞的改做募資，做吸塵器的改做機器人，做衣服的改做客製網路平臺，做食品的改做 APP 平臺……

實際上結果怎麼樣呢？據我們追蹤了解，忙碌了幾年後，做農機的又回來做農機了，做燒雞的也老實回來做燒雞了，做食品的 APP 終究也沒有做起來，反倒失去了在食品行業的機會……

一個企業貿然轉到全新的行業，既沒有行業的經驗，又沒有客戶的基礎，也沒有熟悉監管的團隊，失敗是大機率事件。

很少有企業從策略上思考，考慮如何在原來的領域升級自己的產品和品牌。轉型是指在自己熟悉的行業和領域內闖出一條生路，在熟悉的軌道上進行創新。是要在自己最熟悉的領域中，跳出原來的框架去思考，從而改變現狀、求得生路。只有在一個行業內專注的去經營，長期的耕耘和累積，才能發現行業中的痛點問題是什麼，才能夠針對這些痛點的問題找到有效的解決方法。

有人說，Google 都做無人汽車了，不也是跨界顛覆？可你不知道的是，無人駕駛技術本來就是 Google 的長項，它並沒有跨界，而是把它的核心技術延伸到了自動駕駛上。很多自動駕駛原本用的就是 Google 的圖像處理技術，圖像和數據處理的技術正是 Google 搜尋多年來累積的優勢所在。

你不能把 Google 的汽車看成一輛汽車，應該把它看成一部強大的數據處理器，因為它透過聲光電各式各樣的感測器在辨識周圍的環境，把這一系列感測器獲得的訊號輸入它的中央處理器中，判斷我這個車周圍都有幾輛車在開，這幾輛車的速度是多少，發生碰撞的機率是多少，進行快速的運轉。所以 Google 的自動駕駛汽車實際上不是傳統意義的汽車，它的核心是強大的數據和圖像的處理器，而這原本就是 Google 的核心技術。

企業供給側創新離不開工匠精神，最典型的就是要執著，要堅守。轉型和創新都需要專注執著的「笨人」，專注在自己的行業，像華為一樣，幾十年來如一日做通訊設備，不炒股、不賣房、不做金融、不上市。

遇到問題的製造企業想到的另一種方法是拓展網路通路。傳統的通路模式發生變化，實體代理商不行了改電商，電商不行了換微商，再不行就做直播，做社群行銷，做內容行銷，

C2C、C2B、C2M、O2O、OAO……自己建電商、微商團隊，或者找電商代營運公司，一番折騰下來，大把的資金打了水漂，最後發現，無論建了多少個平臺，用了多少種模式，自己的品牌、自己的產品還是不值錢。為什麼？

因為大多數企業的問題，癥結不是在戰術層面的通路和傳播，而是策略層面的產品和品牌。

因為，在任何通路，真正持久擁有話語權的，擁有消費者認知和信賴的，唯有品牌！

雙定位思維為企業供給側改革找準發力點

供給側結構性改革旨在調整經濟結構，使要素實現最優配置，提升經濟成長的品質和數量。需求側改革主要有投資、消費、出口三駕馬車，供給側則有勞動力、土地、資本、制度創造、創新等要素。

供給側結構性改革，就是從提高供給品質出發，用改革的辦法推進結構調整，矯正要素配置扭曲，擴大有效供給，提高供給結構對需求變化的適應性和靈活性，提高全要素生產率，更好的滿足廣大群眾的需求，促進經濟社會持續健康發展。

企業是供給側結構性改革的主體

供給側結構性改革，改的是體制、調的是結構、變的是企業。改革種種的政策措施最終都要落到企業上來，改革的成效最終要展現在企業的產品品質和經營效益的提升上，以及市場供求關係的改善上。只有企業經營狀況改善了，產品整體適銷對路了，品牌價值提升了，市場環境改善了，改革才能成功。從這個意義上講，各類企業應是落實供給側結構性改革的主體。

企業供給側改革怎麼做？首先是思維方式要轉變。

一是要有網路思維

截至 2017 年 11 月末，中國行動網路使用者總數達 12.5 億戶，使用手機上網的使用者 11.6 億戶。網路資訊化帶來商業模式、消費方式的巨變，企業所處的商業環境隨時發生變化；改革開放四十年，中國已經成為世界第二大經濟體，國民平均收入提升，消費方式已經從最初的生存型發展到享受型，居民生活消費方式、消費觀念不斷改變。

所有這些變化，促使企業發展要放眼全中國市場，具備全球視野，無論大小企業，要置身於全中國市場乃至全球市場去思考。儘管我們的產品主要市場可能僅在某些區域市場，同樣要站在全中國市場的高度思考，研究企業所處行業在全中國乃至全球發展的現狀和趨勢，以及可能引發變化的政策、市場、消費因素，為企業發展之路把好脈。

二是要有競爭思維

市場思維的核心就是競爭思維。而許多企業以為市場思維就是賣貨，把運作企業的力量集中在如何占有原料，如何擴大生產，然後把自認為的好產品推向市場，告訴消費者自己的產品有多好而且物美價廉，這時候發現市場難做，消費者不買帳，於是要麼認為產品有問題，要麼用低價去吸引消費者。

這是典型的企業內部思維，缺乏競爭的意識和視野。任何產品進入市場，都是在競爭中生存，因為消費者必然在貨架上的同類產品中做出選擇。新品牌進入市場，要讓消費者選擇你，很大程度上不是因為你更好，而是因為你不同。

處於不同市場地位的品牌，採用的競爭策略不同。如果你是品類中的領先品牌，可能是全中國市場領先，也可能在某區域市場領先，競爭策略的關鍵在於造勢引導；如果是後起之秀，實力相當，但品牌影響力弱，競爭策略的關鍵則在於如何借勢超越。

企業的競爭思維最重要的是由外而內的思維。要從分析行業的競爭格局入手：企業所在的行業在區域市場、全中國市場的競爭格局如何，在自己所在的市場區域，有哪些競爭對手，它們的品牌策略定位是什麼，競爭策略是什麼。同時分析消費時機、消費心理和趨勢，然後回頭分析自身的優勢是什麼，品牌如何定位，如何制定有效的市場競爭策略。

三是要有品牌思維

中國進入品牌經濟時代是經濟成長、市場發展的必然。從產品品質而言，如果你說，我的品牌雖然弱小，但我的產品品質不弱，而且物美價廉。消費者會認為：既然品質好，為什麼價格便宜？價格便宜品質會好嗎？物美價廉沒有出路，因為沒有品牌做保證。

品牌所以能做保證，是因為消費者認為，品牌是一份承諾，一份信賴。品牌也是消費者身分的展現，因為展現和表達身分，是每一個人（身分地位越高的人越明顯）最大的隱形需求。

弱小品牌、新品牌開拓市場越來越難，是因為品牌占據了通路的話語權，無論是實體還是線上，占據強勢通路的永遠是強勢品牌。

有人說，供給側改革，企業要更注重研發和技術的創新，這些十分必要，但更重要的是企業要考慮如何把創新的技術價值轉化為市場價值！如果技術創新不能轉化為市場價值，鎖在抽屜裡自我欣賞，則無法為品牌加分，為市場加分。

好技術拚不過好品牌。

企業參與供給側改革的關鍵在於提升品牌價值

2017 年，中國將 5 月 10 日設立為「中國品牌日」，展現了對品牌建設的高度重視，展示了實施品牌策略的堅定決心。

經濟強國歷來是品牌強國，品牌強則中國強。

二十一世紀初，中國已成為位居全球第二的製造業大國。然而中國出口的商品中，90%以上是貼牌產品。從製造大國走向品牌強國，中國的品牌正在崛起：中國的茅台酒、五糧液、雲南白藥等歷史品牌，中國的大疆無人機、青島啤酒、海爾、華為、阿里巴巴、格力等現代品牌，越來越多走向國際的中國品牌發出中國經濟崛起的最強聲音。

2018 年 3 月 21 日，中國品牌日標識正式對外發表。如圖 4-3 所示。

中國品牌日標識整體為一由篆書「品」字為核心的三足圓鼎形中國印。

「品」字一方面呈現了中國品牌日的「品牌」核心理念，昭示開啟品牌發展新時代；另一方面蘊含了「品級、品質、品味」之意，象徵品牌引領經濟向高品質發展。

圖 4-3　中國品牌日標識

「鼎」是中華文明的見證，是立國重器、慶典禮器、地位象徵。以鼎作為中國品牌日標識符號要素，象徵品牌發展是興國之策、富國之道、強國之法，彰顯中國品牌聲譽大名鼎鼎，中國品牌承諾一言九鼎，中國品牌發展邁向鼎盛之時。

「印章」是中國傳統文化的代表，是易貨的憑證、信譽的標記、權力的象徵。以印章作為中國品牌日標識的符號要素，表現了中國品牌重信守諾，象徵著中國品牌發展的國家意志。

與發達國家相比，中國的國際知名品牌依然較少、品牌影響力較弱、品牌話語權較小、品牌整體形象仍然有待提升。向內看，一些消費者更喜歡選擇國外品牌，熱衷海外購物、代購，折射出中國品牌的差距。

雙定位思維為企業供給側改革找準發力點

前文所述，中國企業在供給側結構性改革中如何做，首先要轉變思維方式：要有網路思維、競爭思維和品牌思維。其中最重要的是品牌思維，因為無論是網路思維還是競爭思維，都是企業打造品牌的基本思考。

中國企業建立品牌，供給側結構性改革是重要的立足點。品牌是企業長期堅持和累積的結果。企業建立品牌，品質是基石、創新是動力，文化是內涵。但是僅有創新技術，或者有好形象，或者有大力度的傳播，都不是品牌的全部含義。打造品牌是一項系統工程，是一套完整的邏輯體系。

品牌策略的核心是品牌定位。受許多國外行銷理論的影響，大家認知最多的是：定位是在消費者心中占據一個位置。常見的案例，比如 Volvo 定位安全，海倫仙度絲定位去頭皮屑，王老吉定位怕上火……消費者購買的不是一把鑽頭，而是一個洞……

這些成功的案例看起來是定位於一個利益或價值，實際上其背後強大的支撐恰是來自於供給側的屬類創新。Volvo 的安全系統、海倫仙度絲的去頭皮屑科技、王老吉的正宗配方，這些正是支撐品牌價值定位的屬類根源。可以說，所有定位的成功本質上是雙定位的成功。

如果僅僅看到了一個利益詞，在實際的市場操作中，這樣的定位方式很難奏效。比如做食品的，常常會定位健康或者安全，或者有企業說，我們只做良心食品，這些是品牌的定位嗎？

這樣的定位思考主要是基於需求側的消費價值，因為消費者期望買車是「安全、舒適、省油、耐用……」於是圍繞消費者需求，定位於安全、耐用；因為消費者期望豬肉是「安全、營養、健康……」，所以品牌適合消費需求，定位於安全或健康。

但是回頭思考，定位於安全、健康，背後的支撐是什麼？有沒有基於供給側的屬類保證？如果只是泛泛的說法，試問，超市貨架上的同類產品哪個不安全、不健康？

沒有屬類上的差異，很難建立起價值上的差異。簡單基於價值需求的定位則失去了意義。

有某服飾品牌說定位於「90後」消費者，要有明確的消費者區隔，市場依然不見起色。回頭思考一下，你身邊是不是有許多服飾品牌主要消費者是「90後」，還有，「90後」選擇品牌，他們會選擇誰，有多大的機會會選到你？

所有這些品牌定位，都是基於一個方向，那就是需求側的消費者價值。

如果僅有基於需求側的消費者心理定位，這樣的定位無異於無源之水，勢必帶來消費者心理的混亂。

對於企業而言，為自己的品牌定位，要具有宏觀視野和競爭思維，由外而內，審視企業和品牌，將品牌優勢、技術價值、新商業模式等和競爭策略對接，為自己的品牌尋找差異化的屬類，必須是差異化，必須要聚焦。因為有了差異化的屬類，你能夠提供給目標消費者不一樣的獨特價值，給目標消費者一個必須購買你的強大理由。這樣的需求價值，才有了穩定的根據，才有了市場力量。

唯有基於供給側的屬類定位，因為有差異化的屬類，可帶來獨特的消費價值，才能建構真正有效的品牌策略定位。

因此，中國企業建立品牌，要能夠由外而內的回答消費者的兩個問題：第一，你是什麼？或者，你代表什麼？這是屬類定位。第二，我為什麼要買你，給消費者一個強大的購買理由。兩個缺一不可，這是雙定位思維。

要回答第一個問題，需要基於供給側，由外而內，根據競爭和需求導向，從企業內部找到發力點，如果有創新的技術，將技術價值轉化為市場價值，表現為差異化的屬類；如果有新的商業模式，將其轉化為市場概念，同樣表達為差異化的屬類；如果有創新的產品，突破原來的屬類概念，賦予其全新的屬類。總之，只有差異化的屬類，能夠為消費者提供可信賴的差異化價值。

新經濟環境下，企業建立品牌的發力點來自供給側，來自企業自身的創新和提升，用全新的差異化的屬類和消費者的需求價值對接。運用雙定位思維，企業在品牌創建中能夠基於供給側，找準發力點，從而更有效實現在消費者心中的定位。

品牌策略以雙定位為核心，明確屬類定位和價值定位，圍繞雙定位創建品牌系統元素，包括品牌名稱和標識、品牌視覺符號、品牌故事、概念和廣告語等，並將其運用在系列產品、通路和傳播中，運用完整的品牌邏輯思維系統推進品牌創建。

供給側改革需要品牌策略

「策略」一詞來源於軍事上的概念，指軍事將領指揮軍隊作戰的謀略，指導戰爭全局的方略。它通常指軍事策略，即戰爭指導者為達成戰爭的政治目的，依據戰爭規律所制定和採取的準備和實施戰爭的方針、策略和方法。

在中國古代的軍事謀略中，策略的核心是什麼？《孫子兵法》有言：「兵者，國之大事，死生之地，存亡之道，不可不察也。」對於企業而言，商戰、行銷，亦可以說是：企之大事，死生之地，存亡之道，不可不察也！兵戰的核心是人心向背，而商業戰爭的核心同樣是人心向背，即一場搶占消費者心理的戰爭。

消費者購買的是品牌，品牌背後是產品，而不是公司。而通常人們提到策略，會想到公司的策略，公司的願景、使命和價值觀。如果沒有強大的品牌，公司的策略如何實現？

公司策略的基石是品牌策略。品牌是搶占消費者心理的符號，品牌能夠帶來消費者認知、關注與消費忠誠。例如，消費者喜愛和購買六個核桃，六個核桃成為核桃露飲料的第一品牌，但是，很少有人記住六個核桃背後的企業；同樣，消費者購買營養快線，營養快線成為營養飲料的第一品牌，很少有人知道營養快線背後的企業。但恰恰是這些強大的產品品牌支撐起背後的企業發展。

我們今天耳熟能詳的古今中外的品牌，能夠長盛不衰的祕密，就是占據了一代一代消費者的心智。在競爭越來越激烈的人類社會，能夠占據消費者心理的品牌，無論是國家、組織、企業、產品，還是個人，一直以強大的形象屹立於社會人心。

做百年企業，其實是做百年品牌

世界百年企業如杜邦、可口可樂、福特、三菱、IBM、大眾、三星，還有讓女人們迷戀的服裝、珠寶和皮具，LV、Gucci、亞曼尼、卡地亞、香奈兒、Dunhill 等，我們知道的，是這些享譽世界的品牌，至於這些品牌背後的企業情況，很少有人知道。有些企業名和品牌是一致的，有的則不是，有的品牌甚至幾易其主。可我們並不想知道它們背後的企業到底是誰，那又有什麼關係呢！

企業存在的價值是因為提供了有價值的產品。人們青睞某個品牌的產品是因為在同類產品中它具有不一樣的價值。在資訊泛濫的時代，如果不是特殊的興趣，人們能夠記住的是形形色色的產品和代表這個產品的品牌。品牌背後的企業，也許只在一個領域，只有一個品牌；也許涉足多個領域，擁有多個品牌。可是，消費者並不感興趣，更沒有必要把一個企業裝進大腦裡。

所以，當人們講企業策略的時候，其實是在講品牌策略，如果不弄清楚這個概念，講策略沒有實際意義。許多企業會召開高階主管會議，制定公司未來三年或五年發展策略，計劃在未來三年或五年公司要發展哪些產業，銷售額達到多少。或者重新定義公司的使命、願景和價值觀。

公司對未來的計畫性策略是基於當前的形勢和環境做出的預測。世界和中國的經濟形勢、行業發生的變化、競爭者的動向，甚至企業自身可能發生的變化，沒有人能夠準確預測，但都可能改變企業的命運。

以品牌為核心的商業模式

傳統的行銷理論認為，任何企業的任務都是向顧客交付價值並從中獲取相應的利潤。價值的交付過程分為三個階段：選擇價值、提供價值和傳播價值。所以行銷工作從制定計畫開始，調查需求、分析市場、尋找目標市場、產品提供到通路、傳播價值，看起來整個價值鏈沒有問題。所以有了 4P、4C 行銷策略和整個行銷管理條分縷析的闡述。

上述價值交付過程的三個階段，第一階段選擇價值，在《行銷管理》(註一) 一書中這麼解釋：「行銷人員必須對市場進行細分，選擇適當的目標市場，開發市場供應物的價值定位。市場細分、目標市場選擇和定位，就代表著策略行銷的核心內容。」一旦業務單位選擇好了價值，第二階段就開始了，那就是提供價值，即透過提供產品和服務為消費者提供價值。第三階段為傳播價值，即為品牌的推廣進行傳播和體驗。

這是一種看起來常規的線性思維。實際上，當今市場環境下，如果企業按照這種思維來操作市場，結果一定會陷入困境。因為，在這個線性的價值鏈中，採用的是一種從企業出發的、由內而外的思考方式：企業尋找某種未被滿足的需求，或細分市場，進行市場定位。這裡的定位，常常被銷售人員理解為在什麼區域、針對什麼群體、提供什麼產品或服務，然後用合適的產品或服務滿足需求；之後，不斷傳播自己的產品、服務，或品牌，提升認知。

在這個價值鏈條中，品牌在什麼位置？整個價值鏈的核心是什麼？發力點在哪裡？在這個看似合理的鏈條中很難找到。行銷的思維恰恰是突破常規與合理，需要一種反常規的逆向思維。

在整個價值鏈中，品牌是核心，只有抓住了這個核心，才能夠牽一髮而動全身。企業擁有多項業務或資源，能夠提供給消費者多種價值。

企業會有很多機會，如同一個人，在不同階段會面臨各種選擇，畢業時選擇的工作幾年後可能會厭倦，於是換一份工作進入另外的行業。事實上，頻繁跳槽的人大多數並不成功，因為他沒有對任何一個行業進行潛心研究。

企業也是如此，同時進入幾個領域，或者頻繁的改變航向，終究會有走不下去的一天，也是因為缺乏對一個領域深挖的勇氣和堅持。而對一個領域的深挖，終究能夠成就品牌。

創新不是改變航向，而是在一個領域的匠心研究，研究並掌握行業未來趨勢、該領域消費者需求的變化，研究出新產品、新模式、新屬類，這是品牌建立的基礎。

品牌屬類定位要焦點集中，資源集中，在企業供給側逐漸累積競爭優勢。

消費者的需求會隨著時代的變化、環境的變化及自身價值身分地位的變化而發生變化。一個品牌很難陪伴一個消費者的一生。例如，當他還是小孩子時，穿的衣服品牌是 A 品牌；當他上大學的時候，會選擇 B 品牌或者 C 品牌；當他成年走進商界的時候，他的選擇又會發生變化；當他事業成功的時候，做出的是另外的選擇。

一個剛畢業的年輕人，會選擇一款經濟型的轎車，比如吉利帝豪；當他三十五歲成為商界菁英的時候，他可能選擇了別克商務；當他四十五歲成為企業家的時候，他又有了新的選擇……

對於吉利汽車而言，不能因為消費者需求的變化而不斷推出更豪華的汽車以適應消費者成長的需求，即使推出了，消費者也不會買帳，因為在大多數消費者的認知，吉利就是經濟型轎車品牌。

品牌價值定位同樣需要聚焦，價值定位不是隨市場和消費者而變化，其根本還是在於品牌的屬類定位。吉利汽車「經濟型轎車」的屬類定位，決定了它提供給消費者的價值定位「經濟實用」，其價值無法定位於更高階的商務菁英，或者成為身分地位的象徵。消費者想要表達身分的時候，不會想到吉利。

基於屬類定位和價值定位的雙向思考是品牌策略的核心。

我們可以說，品牌策略是圍繞一個中心、兩個基本點展開，一個中心就是聚焦，兩個基本點就是屬類定位和價值定位。

圖 4-4 列示了以品牌為核心的商業模式。

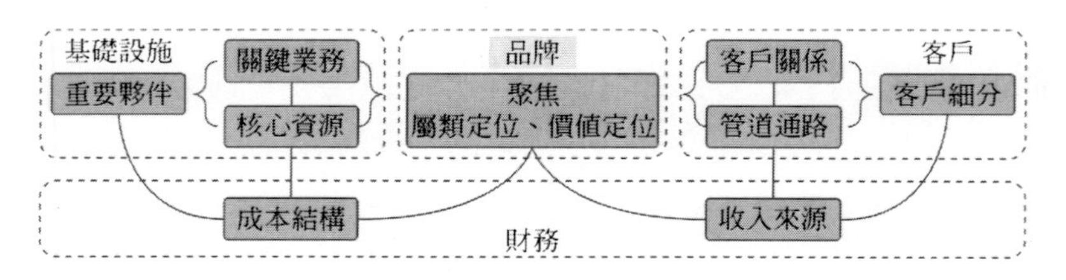

圖 4-4　以品牌為核心的商業模式

在網路新經濟時代，企業的價值鏈以品牌為核心。比如一家服裝廠，傳統的服裝企業是以製造為中心，有了研發和生產能力，前端向原料配件進軍，後端自建銷售團隊，拓展銷售通路，橫向進行兼併聯合。

過去談到服裝供應鏈管理往往是加強生產管理、注意成本、注意品控、注意交期等內控環節，更加重視成本控制、效率提升，這是製造商思維，和大多數服裝企業從製造業起家有一定關聯（見圖 4-5）。

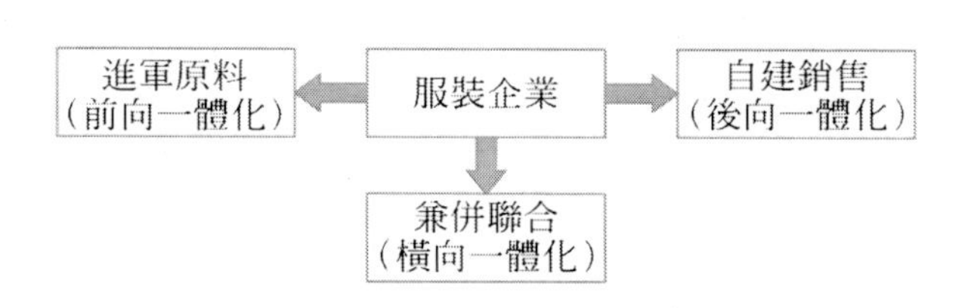

圖 4-5　傳統服裝企業的供應鏈管理

在網路時代，消費者選擇沒有了地域界限，品牌化日益成為時尚產業的核心競爭力。服裝產業更注重讀懂客戶、設計出滿足客戶群需求的產品，對消費者的理解就是對品牌價值塑造的把握。因此，強大的品牌成為整合產業鏈的核心力量。

如今服裝產業不再是以製造商為主，擁有強大品牌的品牌商成為主體。它能夠整合前端的設計公司、生產商、研發公司、原料公司、配件公司等，可以讓 A 公司負責設計定型，在 B 公司進行打版試衣，選擇 C 公司的布料，在 D 公司生產，最後選擇 N 公司的物流，將品牌產品送到各地消費者手中（見圖 4-6）。

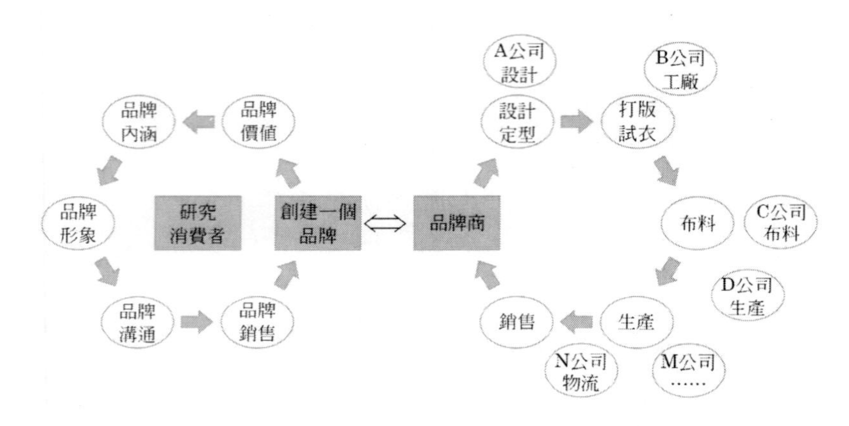

圖 4-6　網路時代服裝企業的供應鏈管理和品牌管理

從生產思維到品牌思維，從產品意識到品牌意識，透過「網路＋」來了解使用者，獲得使用者的資訊，發現品牌價值空間。這是網路帶來的深刻變化，也是許多傳統行業融入「網路＋」的根本意義。

從製造思維轉向品牌思維

什麼是中國企業長久以來形成的製造思維？

首先是工廠思維。一想到做事，先想到投資建廠房、買設備、僱工人……尤其是企業新開始的專案，或者新投資創業的企業。比如當地盛產牡丹，某企業想進行牡丹油專案，從考察租賃廠房、買技術、買設備、自建基地開始，等所有這些軟硬體到位了，已經投入幾個億人民幣資金，產品終於生產出來了，走向市場的時候才發現，市場沒有想像的那麼美好。一開始的時候，依靠關係通路，依靠熱情和運氣，可能確實銷售了一批產品，但是，逐漸的會發現，競爭對手太多了，突然之間彷彿冒出許許多多對手，它們除了產品賣得比自己好，其他哪一點都不如自己。

這就是常規的工廠思維，帶來的問題也很明顯：

一是從自身出發考慮問題多，而缺乏對行業趨勢的理性把握、對當前和未來競爭格局的準確研判及對消費者需求趨勢的研判。簡單說，就是站在自我角度由內而外的看問題，而不是基於行業、競爭和消費需求由外而內的思維。缺乏競爭思維和品牌思維。等到產品走向市場的時候，勢必會遇到行業趨勢帶來的風險、競爭對手的強力打壓及引導消費者的龐大壓力……

二是從工廠製造出發，到產品上市，企業已經做了大量的投入，而缺乏品牌思維的市場運作很難帶動生產良性運轉，導致企業陷入資金困境，很可能導致專案的夭折。

整體而言，站在當前的時間點回望，中國大部分的行業存在嚴重的產能過剩，大量的設備閒置，開工不足。因此，要想進入某個領域，明智的做法是先考慮市場競爭和品牌，明晰品牌策略定位，明確品牌要進入的屬類和帶給消費者的價值，以此整合前端技術生產，布局後端市場。

中國當前已經進入了品牌競爭時代，尤其是 2017 年 5 月 10 日國家品牌日的設立，成為中國進入品牌經濟的分水嶺。市場的出口，不是產品和消費者，而是品牌和消費者。

另一種製造思維就是外貿出口企業的工廠思維。改革開放四十年來，中國產生了一大批外貿出口型企業，這類企業著眼點是產品＋訂單，競爭手段是價格＋資訊，產品貨櫃從大門出去，就基本上算出了大概的利潤。因此，許多外貿企業多年來穩定經營，樂在其中。

世界經濟風雲變幻，出口市場波動頻繁，競爭日益激烈，利潤越來越薄。與此同時，中國市場消費升級，從產品時代走向品質時代、品牌時代。因此需要推進中國製造向中國創造轉變，中國速度向中國品質轉變，製造大國向製造強國轉變。眾多外貿出口型企業開始進軍中國市場，意圖實現「兩條腿走路」的策略目標。這個時候最大的障礙與最難以改變的就是已經固化、曾經產生過輝煌的「工廠思維」。

許多外貿企業做內銷後有些力不從心，其中一部分依然抱著輕視中國市場心態，以產品品質一流，通過了多少國際認證而傲睨市場。真正進入市場才發現，這個過程太複雜、太麻煩、太漫長。才發現不是產品好了就能有好市場，不是產品好了消費者就會買單，消費者更青睞的是品牌。

因此，這類外貿型企業進入內銷市場，首先要考慮品牌策略定位，根據行業趨勢、競爭格局和需求趨勢選擇並聚焦最有潛力的屬類，並找準屬類能夠提供給消費者的獨特價值，在雙定位策略指導下打造產品品牌，謀定而後動，才能保證市場的勝算。

網路思維的本質：雙定位思維

網路行銷和傳統行銷有什麼不同？

網路時代，許多人在談網路思維，什麼是網路思維？有人說，網路思維，就是在（行動）網路、大數據、雲端運算等科技不斷發展的背景下，對市場、使用者、產品、企業價值鏈乃至對整個商業生態進行重新審視的思考方式。

提到利用網路思維成功的企業，不能不說到「小米」，小米 CEO 雷軍說，參與感是小米成功的最大祕密。怎樣理解參與感？

還有一個淘寶商店的品牌，2012 年 6 月在天貓上線，六十五天後成為中國網路堅果銷售第一；2012 年「雙十一」創造了日銷售 766 萬元人民幣的奇蹟，名列中國電商食品類第一名；2013 年 1 月單月銷售額超過 2,200 萬元人民幣，至今依然不斷在「雙十一」刷新銷售奇蹟，這個品牌是「三隻松鼠」。

「三隻松鼠」最讓人津津樂道的是它帶有品牌卡通形象的包

裝、開箱器、快遞大哥寄語、堅果包裝袋、封口夾、垃圾袋，傳遞品牌理念的微雜誌、卡通鑰匙鏈，還有了濕紙巾。

一個淘寶商店品牌，為什麼要煞費苦心的做這些呢？

無論是參與感，還是「三隻松鼠」營造的氛圍，實際上，都是在闡述「使用者思維」。

傳統行銷時代，行銷更多使用的是賣方思維和語言，即我是誰，我有什麼，我有多好；無論是電視媒體，報紙雜誌廣告，都在向消費者告白自己有什麼，有多好；那是一個以「自說自話」為主體的資訊交流時代。

網路時代，每個人都是自媒體，微博、微信、社交媒介，人們在網路海洋中自由參與，互聯彼此，這是個以「互動」為主體的資訊交流的時代。

在「自說自話」的資訊交流時代，賣家只是反覆告知消費者：我是誰，我是什麼。在吹捧自己產品特點的同時，並沒有考慮到使用者的需求，只是單方面的傳輸資訊而沒有互動的過程。除非是產品的設計理念恰巧迎合了某位使用者，否則這款產品只是賣家單方的思維，並沒有很強的市場適應能力。

而在以「互動」為主體的資訊交流時代，如何為消費者帶來參與感，如何實現「得粉絲者得天下」，賣方就必須站在需求側，站在消費者的角度，回答另一個問題：「我為什麼要買你的產品？你能帶給我什麼不一樣的價值和體驗？」

從「使用者思維」的本質看，網路思維的本質，就是雙定位思維。

網路行銷實際上是一種創新的行銷方式，也就是站在企業產品方營造氛圍的同時，轉化思維方式，站在客戶的立場和角度來描述產品和服務。當賣方嘗試使用買方語言來介紹產品時，才更有可能、更有機會找到買方的需求。透過買方的需求來展開話題，使雙方能有觀點的交流、思維的碰撞。兩者互動交流中能產生共鳴，往往是一方說的話、做的事迎合了對方的需求點和關注點，即站在了對方的角度來思考。

網路的開放平臺、大數據、雲端運算，所有這些，為品牌累積客戶、鎖定客戶提供了便利，那些成功的企業一方面掌握使用者數據，另一方面又具備使用者思維，自然能夠贏得使用者的青睞。

網路思維說到根本，就是品牌的雙定位思維：不是站在企業和產品的角度描述自己，而是站在消費者的角度，回答兩個問題：第一，你是什麼業務？或者代表了什麼？第二，我為什麼要買你？

比如，啤酒行業不斷創新品類，告訴消費者「我是生啤酒、冰啤酒或者無酒精啤酒」，但很少有品牌站在消費者角度告訴消費者「我為什麼要喝你的無酒精啤酒」。

有一個品牌告訴消費者「我是百合酒」，卻沒有告訴消費者為什麼要喝百合酒，為什麼要喝你的品牌的百合酒。

有一個品牌說自己是「量子原漿酒」，卻沒有告訴消費者為什麼要喝量子原漿酒，在眾多品牌中，為什麼要喝你的品牌。

在網路時代做品牌，要有雙定位思維，時刻站在市場競爭和消費者的角度思考問題。站在消費者的角度，就不會出現讓消費者聽不懂的屬類語言，比如「純淨酒」、「啤兒茶爽」之類。

有市場潛力的品類既有創新，又能夠借勢消費者心中已經有的品類，能夠產生新奇和價值聯想，這是最理想的。切忌走一些旁門左道，所謂的劍走偏鋒或獨闢蹊徑，自己津津樂道，消費者一頭霧水，需要特地為消費者長篇大論去解釋的概念。你沒有機會去和每一個消費者解釋，也沒有人願意聽。

網路思維在製造業的應用領域廣泛。馬化騰認為，網路與製造業深度融合，成功的關鍵在於能否形成軟體、硬體與服務三位一體的智慧平臺和創新生態。而「網路＋製造」的騰飛需要三個重要基礎：一是連接，二是雲端平臺，三是安全。

連接是騰訊的長項。騰訊目前主要是連接人和人，連接人和服務，騰訊還希望將各種連接能力開放，幫助製造企業觸達大量消費者，推動工業網路的發展。

而工業雲端平臺，則推動「網路＋製造」的落地。電氣革命的誕生，為製造業「插上電」，大幅提升了製造業的生產效率；雲端運算的普及，將為製造業「接入雲端」，推動製造企業數位化轉型。在馬化騰看來，「接入雲端」和過去「插上電」，有同樣的意義。

騰訊打造工業雲端平臺的做法很務實，採用與最懂工業痛點的製造企業合作的模式推進。比如，騰訊雲和三一重工合作的「根雲」專案，是網路基因和製造基因的結合，可以說是一個很好的嘗試。

三一重工透過騰訊雲，把分布在全球各地的三十萬臺設備接入平臺，能夠即時採集近一萬個運行參數。利用雲端運算和大數據，三一重工能夠遠程管理設備群組的運行狀況，不僅實現了故障維修兩小時內到現場、二十四小時內完成，還大大減輕了庫存壓力。

以使用者思維為核心，網路和製造業的融合就找到了發力點。站在使用者角度去思考，是網路思維的關鍵，也是雙定位思維的關鍵。

企業供給側改革與創新，關鍵是站在使用者角度關注和回答好兩個問題。從這個意義上說，企業供給側創新首先在於思維的創新。

品牌的核心在於雙定位

做百年企業，實際上說的是百年品牌，品牌最後凝成一個符號，一個名稱或者標識，消費者最終記住了這個符號，而不是記住品牌背後的企業。

企業經營的價值鏈表述起來是線性的，實際操作起來則是以一個發力點帶動整個鏈條，這個發力點就是以雙定位為核心的品牌策略。只有找到這個發力點，整個鏈條才會活起來，釋放無限的能量。

這個發力點就是品牌。而品牌的核心在於雙定位。找準品牌定位，就是找準了那個撬動地球的支點。

雙定位在品牌策略上的含義，就是在消費者心中占據兩個重要的位置：第一，你是什麼？這是屬類的概念。第二，我為什麼要買你？這是價值的概念。

而其他的定位，比如不同的人群定位，男人、女人、老人或兒童；不同的市場區域定位，比如南京市場、北京市場、天津市場、山東市場等；還有不同的價格區間定位，如高階價格、中高價格、低價格等。這些定位的含義，是指行銷操作中戰術層面的含義。

比如唐駿輕卡，2008 年重新進行品牌定位 —— 屬類定位：四十年專注卡車。價值定位：耐用，即耐用的卡車。

可口可樂 —— 屬類定位：正宗可樂；價值定位：歡樂無限。

百事可樂 —— 屬類定位：新一代可樂；價值定位：熱情年輕活力。

王老吉 —— 屬類定位：正宗配方涼茶；價值定位：怕上火。

六個核桃——屬類定位：核桃飲料；價值定位：健腦。

核磨坊——屬類定位：細磨核桃飲料；價值定位：深吸收。

舒膚佳——屬類定位：迪保膚殺菌香皂；價值定位：呵護全家健康。

金霸王——屬類定位：鹼性電池；價值定位：耐用。

……

雙定位的道理看起來簡單，似乎很容易理解。是的，最有用的理論往往看起來是簡單的，因為簡單的背後，才是看不見的深海，彷彿冰山一角。

品牌文化與精神價值受關注

回望改革發展的四十年，最明顯的意識形態覺醒，是以人道主義對抗專制主義的過程，是釋放個性對抗壓迫與壓抑的過程，是自由主義消解極權主義的過程。

在這個階段，更符合人性、張揚個性、英雄主義、正能量的品牌受到追捧，在人道情懷、自由主義、釋放個性的意識覺醒過程中，消費者的情感投射在具有人文魅力和精神魄力的品牌表現上。

人類具有天生的成為英雄、崇尚英雄的特性。每個人生下來，父母就希望他將來能夠成就大事業，成為偉大的人物。

因為我們每個人內心深處都希望成為偉人，渴望成功，渴望身分和地位。然而，在物質匱乏的時代，大多數人只能成為普通人，平庸度過一生，人們安於普通和卑微，是因為看不到希望，沒有機會。但是，如今的中國，改革開放已四十年，大多數人過上了物質富足的生活，教育水準、知識水準普遍提升。二十年前，中國的大學生還被稱為「天之驕子」，如今「80 後」、「90 後」的年輕人，兼差的、賣菜的、種地的、養豬的……各個領域都有大學生的身影。如同二十年前，司機是一個讓人們羨慕的職業，如今，開車已經成為每個人具有的一項技能而已。

物質的富足和知識層次的提升，必然帶來精神生活更高的要求。成為行業菁英，成為某一領域的偉人，這些渴望被釋放了出來。在消費上表現出來的是，能夠滿足內心需求、展示自我意識的品牌受到追捧。那些倡導個性、奮鬥與成功，歌頌自由、讚美愛情、倡導真誠與強韌情感的品牌，更容易得到消費者一呼百應的追隨。

消費者購買箱包，不僅僅是利用其收納的功能，他們在不同季節、不同場合搭配不同的箱包。對於品牌箱包消費而言，精神層面的需求已經超越了物質層面的需求。它已經演變成一種裝飾品，一種與身分、地位相配的標籤。

有人說，品牌最重要的還是品質，沒有品質，品牌就失去了根基，不能長久。這是一句正確的廢話，在當前和未來的時代，如果連品質都做不好，談品牌沒有資格，因為基本沒有活下去的土壤；但是，即使做好了品質，品牌也未必能夠做起來。因為品質僅僅是品牌的基本層面，品牌需要的，還有遠遠超越基本層面的內容。

再如房地產業，經過十年的發展，房地產品牌經歷了一輪又一輪的洗牌過程。

人們選擇品牌房產，選擇品牌社區，注重的不僅僅是物質層面，更多的是精神層面追求，是物質層面和精神層面的雙重享受。

比如得天獨厚地理位置。人們看重的是位居城市核心的繁華，坐享城市暢捷的交通，富有成熟的生活配套設施，不可複製的稀缺性價值。

比如大尺度的空間享受。人們看重的不僅是戶型的設計和格局，更看重的是業主的私密生活得到完全滿足。

還有高階的社區內部配套，貼心到位的物業服務，以及能提供居住之外的高尚生活品質和生活享受。選擇品牌房產更注重全方位的生活品質，以及由此帶來的心理感受和精神滿足。

因此，越來越多的大品牌，在品牌價值的塑造上，在傳播內容上，正是基於這樣的背景，迎合消費者意識形態覺醒的方向，滿足消費者價值觀追求中的渴望與需求。這成為當前一種全新的品牌現象。

高品質、重享受產品占得先機

中國的消費者在升級，中國已經不再是改革開放之初那種整體收入和消費能力都比較低的狀態。經過幾十年的發展，中國已經成為世界第二大經濟體，國民平均收入更是比以前大幅提升。2014 年，中國公民出境旅遊突破一億次，境外消費超過 1 萬億元人民幣，中國人甚至在 2014 年購買了全球 46%的奢侈品。中國人成為國外不可忽視的消費族群，甚至一些商場推出了專門針對中國消費者的政策和銷售服務。這些都說明，中國的消費不再是過去的消費狀態，已經有了很大的升級，中國的泛中產階級正在興起。

調查顯示，生存型消費進一步向享受型消費過渡，以吃、穿、住為主的生存型消費增速分別低於國民平均生活消費支出增速 2.3、1.1 和 8.9 個百分點。生存型消費占生活消費支出的比例由 52.5%下降到 50.8%；而發展和享受型消費占生活消費支出的比例由 47.5%提高到 49.2%。由此看出，居民生活消費方式和觀念不斷改變，消費能力明顯增強。一些大眾消費品品類的成長開始由價格提升拉動，而非消費量的成長。

能夠生產高品質產品的企業將在未來的市場競爭中占據先機。家電產業升級的背後其實是消費者消費能力的提升。根據投行瑞信 2015 年 10 月發表的最新全球財富報告顯示，中國取代日本成為全球第二富裕國家，僅次於美國，中產階級人數更是居全球之冠，達 1.09 億人。隨著中國經濟的發展和中產階級人數的增加，越來越多的人願意為「品質」付費。

根據中國國家統計局 2018 年初公布的數據，2017 年，全中國居民國民平均可支配收入 25,974 元人民幣，比上年名義成長 9%，扣除價格因素，實際成長 7.3%。

隨著國民平均可支配收入的快速成長，雖然整體經濟增速放緩，但中國消費者的信心在過去幾年保持了令人吃驚的強大韌性。

持續不減的消費者信心支撐著強烈的消費意願，消費升級勢頭強勁。高階產品的品類增速大大快於大眾產品，消費者開始大量升級自己的消費，尤其是化妝品、酒類、牛奶等品類。

雙定位品牌策略基於競爭策略

公司發展的目標願景如何實現，關鍵在於建立品牌並不斷最大化品牌價值。許多公司以銷量為目標，計劃在未來三到五年實現銷量的成長。為實現銷量成長，最直接有效的方式是延長產品線，推出更多的產品。我們在山東某乳品企業諮詢時了解到，2012 年，公司為了快速成長，迅速擴充產品系列，從 2011 年以前的三十款產品增加到 2016 年的六十多款。這時候發現，銷售收入沒有成長反而下降了，更可怕的是利潤率連年下滑。如今，這個生存了近二十年的企業沒有發展出自己的根據地市場，也沒有形成自己的主要產品。曾經有一款產品連續多年銷售占比最高，市場影響力大。但是，人們只記得這款產品，卻很少有人關注這款產品是哪一個品牌的，以至於後來模仿者眾多，這款產品如今已成為難以取捨的雞肋。

關鍵原因在於：企業一直缺乏品牌經營的思維，更沒有形成品牌經營的模式。

缺乏品牌經營的思維，缺乏品牌運作的模式，單純走產品銷售的道路，短期內能夠看到銷量的成長，但長期而言，企業難以形成核心競爭優勢。隨著競爭對手品牌運作的擠壓，產品經營的道路終究難以為繼。

中國已經進入品牌經濟，尤其是大部分的城鎮居民，已經具有品牌消費意識。如今，隨著網路的飛速發展，網購已經進入鄉村，品牌消費也隨之走進鄉村，消費者購買的是產品，記住的是品牌，很少有人關注品牌背後的公司。

產品經營思維，只適應於產品經濟時代，物質相對匱乏，消費者對於產品沒有太多選擇，只要產品好，不怕沒銷路。有些產品雖然沒有突出品牌，但消費者記住了產品的包裝、圖像符號，並由此形成了對某些產品的忠誠度。但是，隨著模仿者的增多，這種忠誠度很容易被瓦解。

而品牌的忠誠度相對更穩定，因為品牌背後代表了放心、信賴，還有其他如身分地位、生活方式等理念。因此，最好的辦法是讓產品承載品牌資訊。消費者買到的是產品，記住的是品牌。長期累積，形成品牌的認知度和忠誠度。

品牌策略的核心是雙定位，即屬類定位和價值定位。品牌策略從哪裡來？不是企業領導者坐在辦公室裡想出來的，也不是高階管理團隊開會研究出來的。品牌策略來源於對整體產業發展趨勢及機會的研究，對行業主要競爭對手的競爭格局和定位的研究，以及對消費者消費趨勢、消費心理和消費行為的研究，對企業自身資源優勢的分析研究，所有這些綜合確定品牌的市場競爭策略。

外部市場研究重在尋找市場空間和發展機會，包括三個方向：整體產業分析、市場競爭分析和消費者需求分析。對於整體產業的分析重在研究行業發展趨勢，該品類三到五年的發展機會。行業競爭分析，分析當前行業不同陣營的競爭品牌定位、品類分化、品牌價值及市場營運模式、消費者認知等，確定新品牌的進入方式和競爭策略。消費者需求分析，分析當前主要競爭品牌的消費者陣營，消費者對於品類和價值的認知，目標消費者行為、心理和價值觀。

許多企業重視外部市場調查，成立部門，組織人員，問卷調查，詳細分析。而實際上，對於具體品牌而言，外部調查的重點在於研究競爭對手，而那些對消費者的問卷調查得到的結論作用十分有限。過去許多大品牌根據消費者問卷調查研發的產品、確定的品牌定位，到市場上卻行不通。

因為消費者接受調查時往往並非是認真的，或者說，消費者能夠意識到的東西是有限的。那些對於市場的希望，對產品研發的方向，大多數僅是隨口一說而已。如果真正按照消費者調查的要求研發產品，定位品牌，結果往往是被消費者拋棄。

內部環境分析重在研究企業內部核心優勢，品牌的內在基因。真正有價值的調查來自企業內部，來自真正對品牌、品類和市場深入分析的內部高階管理團隊和專業人員。

競爭策略解決的是「和誰打」、「怎麼打」的問題，先明確競爭策略，再確定品牌定位。

品牌定位的核心從兩個角度考慮：產品的屬類和價值。屬類包括產品品類的含義，也包含屬性的含義。

品牌策略以定位為核心，在市場不斷細分、品類不斷分化和創新的市場，定位的內涵包含兩個方面：屬類定位和價值定位。

屬類必須是消費者具有合理性的心理邏輯。價值要有差異化和聚焦，聚焦於某個品類的核心屬性，明智的方式是聚焦於差異化的屬性。

產品有生命週期，品類可以升級與轉型。品類不斷分化，新的品類是在原來品類上的微創新；屬類則是對品類的創新與再造。

企業不論實力大小，如何為創新屬類建立競爭壁壘？一個常見的方法是，賦予品類不一樣的概念，這個概念既具有合理性，能夠被消費者認知，同時能夠註冊為商標，建立競爭壁壘。比如「牛奶＋果汁」品類無法獨占，但「營養快線」可以獨占；「細磨核桃露」不能獨占，但「核磨坊」可以獨占。

選擇或分化某個品類，要考慮品類的價值感和未來的市場容量。大品類如同江湖，生活在江湖裡的魚兒，雖然競爭激烈，但總有機會獲得食物；分化的小品類如同池塘，因為聚焦而獨創的品類，或者獨占的屬類，如同靠自己的能力掘一口井，很難成功。概念可以獨占，而屬類則不宜獨占。

制定競爭策略，首先要明白兩個問題：你的競爭對手都有誰？你要和誰進行一場殊死的搏鬥？這就要看清市場競爭格局：你進入的行業，已經有多少競爭對手在廝殺？行業大品牌有幾個？中間實力派有幾個？還有多少「蝦兵蟹將」？以你自己的實力和核心優勢，適合進入哪一個陣營廝殺？

我們將激戰的行業市場分為四個陣營：領導者、挑戰者、創領者、跟隨者，你選擇做哪一個？

行業領導者。在這個品類中占據了數一數二的位置，占據了該屬類的核心價值。居於這個位置的，一般是行業先行者，經過激烈的廝殺坐上了最高的位置，雖然上位的路很艱難，可一旦成為領先者，後來者便極難超越。

行業領導者其品牌多具備了行業的本質屬性，它們制定遊戲規則，制定行業標準，設置行業壁壘，引領行業發展方向。後來者很難向領導者發動正面攻擊。

但隨著技術的進步，領導者可能會忽視那些似乎和自己不相關的屬類。領導者要時刻保持警惕，尤其在這個跨界的時代，要看清誰才是未來的競爭對手。

柯達底片的競爭對手，多年來就是富士和其他眾多的小品牌。但是，真正顛覆柯達巨輪的，不是它們，而是數位相機。同樣，讓數位相機快速沒落的，不是眾多數位相機的競爭，而是智慧手機。

可口可樂銷量連續多年下滑，是因為百事可樂的競爭嗎？不是，是可樂品類遭遇了其他屬類的挑戰。挑戰不是來自同一品類，而是來自不同屬類。這些屬類可能是更健康的天然礦泉水，或者沒有任何添加的健康玉米汁。

康師傅泡麵的銷量也在逐年下滑，是因為和統一之間的競爭嗎？不完全是，是因為可替代泡麵的食品越來越多，更健康的、更吸引消費者的、更代表新生代消費方式和消費水準的新產品。挑戰這些行業領導品牌的對手，不僅僅產生在同一品類，而是來自其他的屬類，可能是即食米飯，也可能是全穀物營養粥。事實上，近年來，使泡麵倍受打擊的，是外賣行業的迅速發展。

時代在變遷，引發消費變化的原因不僅僅來自競爭，更主要的是來自居民生活水準的提升、對健康的關注，技術進步和消費的轉型升級。

領導者最大的挑戰者是自己，如何保持不斷的轉型和創新，適應變化的市場和消費者，永遠給消費者一個必須信任你的理由，是保持領先的關鍵。

面對行業領導者的擠壓，行業第一陣營的其他品牌如何發起挑戰？行業領導者常常雄踞大部分市場，一些區域領導品牌也會向它們發起攻擊。

中國牛奶行業長期以來蒙牛、伊利和光明三家為大，互相挑戰自不待言，其他區域品牌如三元、佳寶、得益、君樂寶、新希望等，要想在區域中保持領先，就必須採取挑戰策略，避開一線大品牌的鋒芒，攻其優勢中的劣勢。得益牛奶即主打「低溫奶」市場，正是避開一線大品牌在常溫奶領域的優勢，在區域市場贏得消費者青睞。

行業挑戰者不僅來自同品類產品，最大的危機常常意想不到的來自其他屬類的競爭。海爾智慧家居的挑戰者不僅是格力、海信，悄然而來的卻是做智慧手機的小米品牌，它把多年停留在概念上的智慧家居玩得風生水起，小米電視、小米電飯煲、小米電水壺、小米電風扇，這些家電企業多年的產品，如今被小米智慧化超越了。

「定位」理論要想發揮作用，需要重新建構理論體系，從根本上回答市場行銷要解決的問題。從市場行銷的核心來看，市場行銷是為了滿足客戶需求，創造客戶價值，進而企業實現盈利與持續發展。對市場行銷最簡潔的定義，就是「滿足別人並獲得利潤」。市場行銷有兩個主體：生產者和消費者。

雙定位連接了生產者和消費者之間的關係，在無邊界的市場競爭中，品類之間的邊界越來越模糊，許多品類在分化，也有一些品類在重新整合。

充分關注需求和市場競爭

市場的形成，是因為有需求，有購買和消費的動機。因為有了需求和購買的動機，人們才想方設法賺錢，滿足各種需求和欲望。需求是消費的動力，這種動力是人類與生俱來的，是基於人性的欲望。馬斯洛的需求理論告訴我們，人類需求像階梯一樣從低到高分為五個層次，分別是：生理需求、安全需求、社交需求、尊重需求和自我實現需求。馬斯洛需求層次理論是人本主義科學的理論之一，是從人性出發的理論。

因此，品牌必須回答消費者需求和購買動機的問題，這個問題看起來很簡單：你能帶給我什麼利益價值？或者，我為什麼要買你？這就是品牌的價值定位。

一個處於飢餓狀態的人，購買某品牌的理由是吃飽、舒服；而對於其他非飢餓的人，購買的理由可能是快樂、美麗、風度、情調、得到更多的關注、被人仰慕、成為成功人士……

僅僅基於需求，品牌不一定能夠實現高價值與高盈利，同時還要考慮競爭。全球化帶來了龐大的市場，同時也帶來了更為激烈的競爭。比如，能夠滿足一個人「吃飽」、「舒服」的企業成千上萬，有中國的競爭者、國外的競爭者，有大企業，有小企業，有實體的，還有線上的。它們提供的產品千姿百態，有麵包、有餅乾、有泡麵、有八寶粥……僅僅泡麵又有紅燒牛肉麵、酸菜麵、大骨麵、蔥花麵……麵包有雞蛋麵包、五穀麵包、手撕麵包、蒸麵包……

面對激烈的市場競爭，品牌還必須回答消費者另一個根本的問題：你是什麼？或者，你代表什麼？這是品牌的屬類定位。

只有明確的告知消費者你是什麼，你才有可能進入消費者的購買清單。比如，你是麵包，消費者購買麵包的時候會想到你；你是泡麵，消費者會在需要泡麵的時候想到你；如果你說不清楚自己是什麼，代表了什麼，便無法進入消費者的購買清單。

消費者的需求很明確：一塊香皂、一個麵包、一把椅子、一張床、一套西裝、一包巧克力、一件襯衫、一些蔬菜、一些水果、一些雞蛋……產品的屬類也必須很明確。

雙定位理論焦點明確

在高度競爭的市場，品牌要回答消費者兩個問題：第一，你是什麼？或者，你代表什麼？第二，你能帶給我什麼不一樣的利益價值？或者，我為什麼要買你？

第一個問題，是品牌的屬類定位；第二個問題，是品牌的價值定位。

任何一個成功的品牌，都明確回答了消費者的這兩個問題，具備了兩個明確的定位，即屬類定位和價值定位，這就是「雙定位」。

行銷中考慮定位，只須考慮兩個具體的問題。第一個問題：你是什麼？或者，你代表什麼？伊利代表什麼？在中國消費者的心中，伊利代表中國牛奶第一品牌。許多消費者買牛奶，會首先想到伊利。但牛奶市場並不是伊利通吃，許多消費者買高級牛奶時會想到特侖蘇，因為特侖蘇代表高級牛奶品牌。

面對伊利和蒙牛的市場侵占，光明乳業做了什麼？光明推出了「莫斯利安」，成為常溫優格品類的代表品牌。消費者選擇常溫優格時，第一個想到莫斯利安，莫斯利安就贏了。

僅僅知道你是什麼，消費者不一定會選擇你，因為競爭者很多。因此，還要給消費者一個選擇你而不選擇其他競爭者的理由。

網路時代，品類之間的邊界正變得模糊，甚至沒有了邊界。競爭也不再局限於同一品類產品之間，而是擴展到了屬類之間的競爭。

例如，泡麵市場幾年來爆發了品類產品之間的大比拚，統一推出老罈酸菜麵以對抗康師傅的紅燒牛肉麵，白象也推出了大骨麵，相互間打得不亦樂乎。但是，如果越來越多的消費者放棄了泡麵的消費，用其他方便的食品代替了泡麵，泡麵的競爭者實際上轉向了其他屬類，比如「餓了麼」等網路訂餐。

第二個問題：你能帶給我什麼不一樣的利益價值？或者，我為什麼要買你？

這個問題基於競爭，其核心是差異化價值。同樣是香皂，舒膚佳能夠「殺滅99%的細菌」；同樣是巧克力，德芙「縱享絲滑」，士力架「橫掃飢餓」；同樣是白酒，劍南春更有「價值」，捨得酒更有「智慧」，茅台國酒更有「面子」。

品牌帶給消費者的利益價值正在發生根本的轉變，這種轉變來自整個世界發生的變化，科技的發展，特別是網路改變了人們的生活，健康、享受、娛樂，正成為人們新的追求。

案例分享

案例　杜康：「酒祖承願」文化價值再造封罈酒新高度

杜康酒是中國歷史名酒，歷代墨客文人與它結下不解之緣。魏武帝曹操賦詩：「慨當以慷，憂思難忘；何以解憂？唯有杜康。」杜康也因之有了「酒祖」之稱。

近年來，一種新的白酒消費模式悄然出現，那就是「封罈酒」。各種品牌的封罈蜂擁而上，目標有二：一是企業做封罈大典不僅能夠提升品牌層次、推高企業品牌價值，還能擴大企業的品牌影響力；二是期望由此提升品牌影響力，另闢蹊徑提升業績。五糧液有封罈藏酒，捨得有封罈老酒，酒鬼有封罈年份酒……

杜康自不示弱，也推出了自己的封罈酒。

企業面臨一個基本的問題：杜康封罈酒賣什麼？

封罈酒與普通瓶裝酒相比，其最大的差異在於將白酒封藏一段時間後再喝。「喝」是白酒的共性，「封藏」才是封罈酒的特性。在「封」上進行封罈酒的價值塑造，使其與瓶裝酒形成鮮明的價值差異，給目標消費人群提供足夠的購買「封罈」酒而不是瓶裝酒的理由。

借酒祖之勢，提升品牌的價值！借酒祖之勢，封罈承願！消費者購買封罈酒，先隆重行封藏，在一個特殊的時期搬出來共飲。這個封藏的過程，是時間的積澱，是為未來而喝！未來，意味著期盼；未來，代表著夢想；未來，代表著一份美好的心願。封罈酒封藏的就是一份對未來的期盼與美好心願！

封罈承願！封一罈酒，願親人安康、願情人永久、願友誼長存、願事業興旺、願家國康泰！

唯有酒祖，能承此願！

杜康酒借酒祖之勢，擶「封罈承願」之價值定位，跳出了封罈酒「賣酒」的桎梏，賦予杜康封罈酒獨特的情感價值、心理價值。把封罈酒和「酒祖」建立了精神的連結，用尊重的方式、莊重的典禮給中國酒的祖先一個極大的榮耀，使得杜康酒和杜康之間的連結，有了更加深厚的感情和精神上的依託。

對於白酒行業來說，借酒祖之勢，擶「封罈承願」價值定位之最大意義在於倡導白酒品質和文化的回歸，開啟並引領了中國高級白酒個性化消費時代。

第五章

成功品牌定位的本質：雙定位

屬類定位和價值定位，是品牌策略定位的兩翼，缺了任何一個，都會造成市場力量的缺陷，導致事倍功半，甚至顆粒無收的遺憾。

無論是屬類定位還是價值定位，都源於對行業發展趨勢的掌握、對競爭格局的研究、對消費者心理的深入研究，以及對企業內部資源的深入挖掘。品牌策略雙定位，整體上是基於品牌的競爭策略，兼顧競爭導向和需求導向。

重提一下大家熟知的王老吉經典案例：王老吉早期從廣東市場突圍時，定位於「預防上火的飲料」，市場從此進入高速發展時期。眾多的分析認為，王老吉此舉找到了品牌的定位，回答了「王老吉是什麼」的問題，即王老吉是預防上火的飲料。

也有分析提到當年王老吉在央視投放廣告「王老吉，預防上火的飲料」幾個月，卻無法帶動銷量；後來，將廣告語更改為「王老吉，預防上火的涼茶」，迅速提振了市場銷量。

「預防上火的飲料」和「預防上火的涼茶」，這兩句話有什麼不一樣？為什麼市場效果截然不同？

再看看王老吉和加多寶近年來綿延不斷的官司之爭，從紅罐的包裝到廣告語「怕上火」，你輸我贏反覆了許多年。在眼花繚亂的官司背後，我們要思考的是：王老吉和加多寶為什麼要爭「紅罐」？為什麼要爭「怕上火」？

或者說，「紅罐」對於兩個品牌而言，意味著什麼？「怕上火」對於兩者而言，又意味著什麼？

為了回答這個問題，我們再看看另外一個行業中成功的品牌 —— 太陽雨太陽能熱水器。這個品牌 2004 年之後從一個默默無聞的區域品牌迅速成為行業的黑馬，到如今躋身中國太陽能熱水器銷量領先的品牌，背後的原因自有很多，但人們對其最大的認知是其多年訴求的「有保熱牆的太陽能冬天才好用」，我們要探究的是，這句話背後的邏輯是什麼？它是太陽雨太陽能熱水器後來居上的主要原因嗎？

魯花花生油品牌成功背後的邏輯又是什麼？魯花自 1997 年聚焦花生油品類，在央視推出廣告「滴滴魯花，香飄萬家」，將花生油與香連接在一起，面對眾多品牌的競爭，魯花後來進一步鎖定屬類，推出「5S 壓榨花生油」，穩穩坐在花生油品類的第一把交椅上。

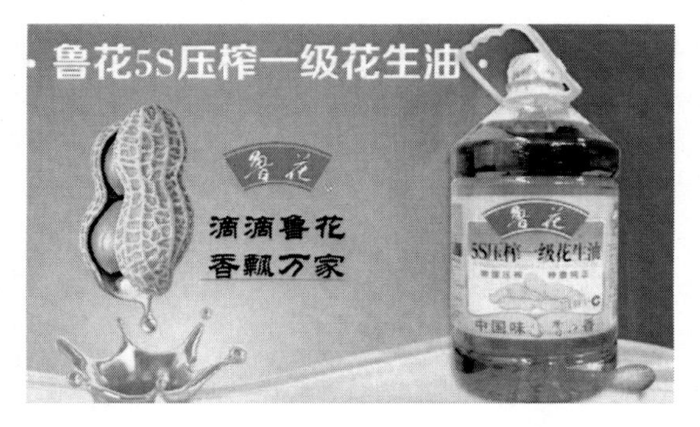

無論是王老吉、太陽雨太陽能，還是魯花花生油，所有品牌的成功，是因為有策略的率先搶占了消費者的心智資源，回

答了消費者對品牌的兩個基本問題：第一，你是什麼？或者，你代表了什麼？第二，我為什麼要買你？對這兩個問題的回答，缺一不可！

這兩個問題，正是一個品牌策略的核心問題，即品牌策略定位。而成功的品牌，成功的定位，是基於兩個方面，一是基於品牌和產品自身，回答「你是什麼，或者，你代表了什麼」的問題;二是基於消費者的價值，回答「我為什麼要買你」的問題。

第一個問題，解決了品牌的屬類定位；第二個問題，解決了品牌的價值定位，這就是品牌的「雙定位」理論。

任何一個成功的品牌，在消費者心中成功的占據了兩個位置，回答了消費者兩個問題：第一，你是什麼，或代表了什麼？第二，我為什麼要買你。缺一不可。

屬類定位和價值定位互為邏輯，因為屬類不同，所以有不一樣的價值；屬類成為價值的根源和支持；價值是屬類提供給消費者的明確的購買理由。

王老吉的成功，是因為成功的回答了兩個問題：第一個問題，王老吉是什麼？是正宗涼茶；第二個問題：給消費者帶來的價值是什麼？預防上火。

早期王老吉訴求「預防上火的飲料」，這裡只有對消費者的價值定位，而沒有屬類定位，策略缺位，因而無法帶動銷量。預防上火的飲料可能有很多，可能是優酪乳、果汁，甚至飲用水，如果沒有明確的告知消費者「你是什麼」，則無法在消費者購買心理階梯中占位，消費者不會想到購買你。因為心理學研究顯示：消費者用屬類表達需求，用品牌做出選擇。

而「預防上火的涼茶」這句話裡，既有屬類定位「涼茶」，也有價值定位「預防上火」，回答了消費者心理的兩個問題，自然能產生銷量。

「紅罐」之爭，恰是兩大品牌的屬類定位之爭，因為在消費者心中，「紅罐」意味著「正宗涼茶」，商標糾紛之後，誰贏得了「正宗涼茶」的定位，則優先贏得了消費者的選擇。「預防上火」則是「正宗涼茶」的價值定位，在消費者心中，不是所有的涼茶都可以「預防上火」，如果如此，則和其正、鄧老涼茶等可以坐享其成了。而是只有「正宗涼茶」才能「預防上火」，後者是屬類帶給消費者的明確價值，因此，「紅罐」自然成了兩者爭搶的資源。

可見，王老吉的成功，是屬類定位「正宗涼茶」和價值定位「預防上火」雙定位的成功，其他涼茶品牌和王老吉的競爭，如果看不到這個策略根基，花再大的力氣也是枉然。比如和其正，推出了「大罐涼茶」，訴求「大罐更盡興」。可以這麼理解，其屬類為「大罐涼茶」，帶給消費者的價值為「更盡興」。「大罐涼茶」是一個有差異化的屬類嗎？「更盡興」是消費者更關注的價值嗎？連續喝五罐王老吉是不是更盡興！和其正的定位，顯然無法撼動王老吉的定位，無法與王老吉形成策略意義上的有效競爭。

同理，太陽雨太陽能熱水器的成功，是屬類定位「保熱牆太陽能」和價值定位「冬天好用」的雙定位的成功，其獨特的屬類「保熱牆太陽能」，將獨有的概念「保熱牆」和太陽能熱水器鎖定在一起，讓屬類具有了差異性和保護壁壘，帶給消費者不一樣的價值體驗「冬天好用」（見圖 5-1）。

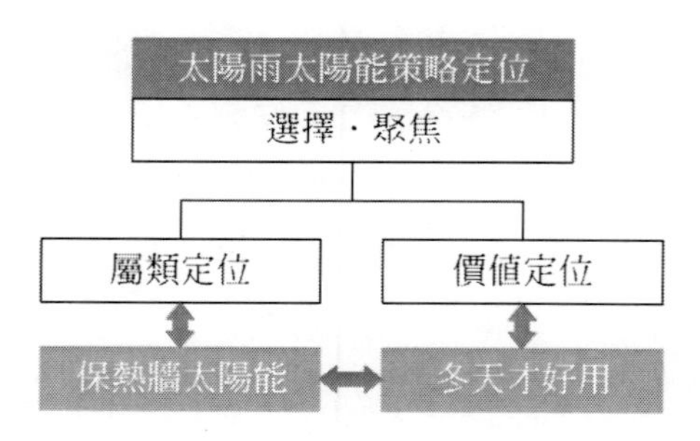

圖 5-1　太陽雨太陽能品牌雙定位策略

東阿阿膠的成功，不是定位「滋補國寶」的成功，而是屬類定位「正宗東阿阿膠」和價值定位「滋補國寶」雙定位的成功。其最有力的武器是「正宗東阿阿膠」，正是因為搶占了「正宗東阿阿膠」的屬類定位資源，才支撐起「滋補國寶」的價值定位。其他的阿膠品牌和東阿競爭，如果看不到策略的根本，花再多的氣力也是枉然（見圖 5-2）。

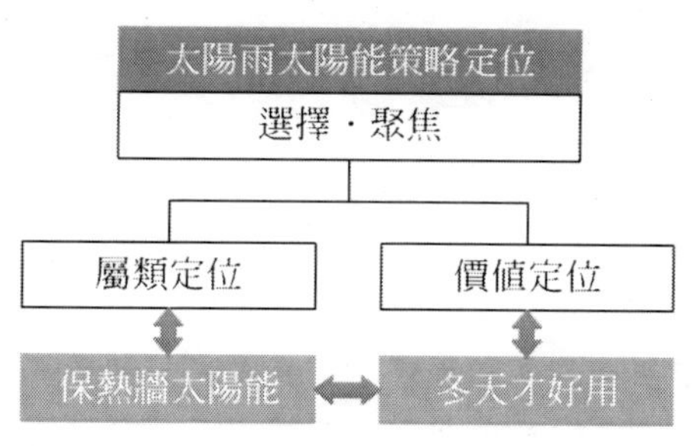

圖 5-2　東阿阿膠品牌雙定位策略

屬類定位不是簡單的屬類和價值認知，而是追求差異化、獨特性、唯一性和價值感。比如，金龍油最早推出了玉米油屬類，多年的市場宣傳和推廣並沒有使其成為玉米油屬類的強勢品牌，其廣告訴求為「金龍魚玉米油，清香不油膩」，分析其屬類定位為「玉米油」，價值定位為「清香」，玉米油帶來的清香，面對魯花的「5S 壓榨花生油」帶來的「香」，缺乏與其競爭的力量。幾年後，西王提出了玉米油屬類，其屬類定位為「玉米胚芽油」，價值定位為「關注心腦血管健康」，將屬類和價值差異化提升，成為玉米油屬類的強勢品牌。

因此，屬類定位和價值定位，是品牌策略定位的兩翼，缺了任何一個，都會造成市場力量的缺陷，為品牌傳播帶來事倍功半，甚至顆粒無收的遺憾。

可以肯定的說，任何運用定位策略成功的品牌，本質上都是「雙定位」的成功。

海爾電熱水器的雙定位成功之路

在中國，規定從 1999 年 10 月 1 日起，禁止生產浴用直排式燃氣熱水器。消息一出，電熱水器隆重登場，開啟了前所未有的電熱水器市場大戰。當時的中國家電行業，幾乎都是引進國外的技術和生產線，同時進入中國市場的，還有眾多的國際家電品牌，面對井噴之勢的電熱水器市場，國外品牌個個摩拳擦掌；中國本土品牌也群雄並起，磨刀霍霍。

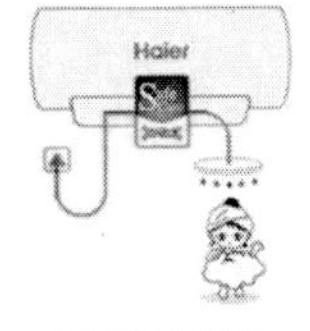

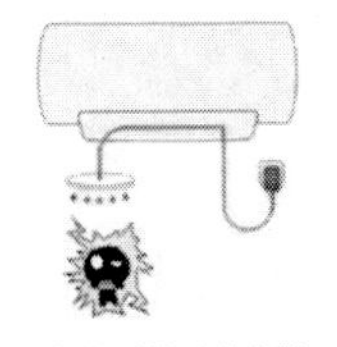

防電牆電熱水器
相當於在熱水器和人體之間加了一個很大的電阻，使得人體有可能承受的電壓低於12V，成爲安全電壓。

無防電牆電熱水器
噴頭的出水電壓仍爲220V，洗浴時會發生危及生命的觸電事故。

但當時的消費者對電熱水器有一個最大的擔心：水是導電的，從電熱水器裡出來的水會不會帶電，會不會淋浴觸電……於是在商場裡，各個品牌的產品銷售員竭盡全力向消費者解釋，自己的產品絕對安全，出水斷電、滴水斷電……消費者依然將信將疑，淋浴時，依然踩上木凳拔下電源。

直到有一天，海爾電熱水器宣布：我是防電牆熱水器，因為有防電牆，所以安全；防電牆是什麼？是海爾獨有的技術專利，有專利號……不僅如此，海爾的防電牆技術還寫入了國家標準，再後來寫入了國際標準。

作為中國家電第一品牌的海爾集團，消費者完全相信海爾的技術能力，其他的品牌傻眼了，國際大品牌也傻眼了，消費者會反問它們：你沒有防電牆，怎麼能保證安全？

海爾熱水器市場策略，就是典型的雙定位思維：它並不是單方面強調自己的價值定位：安全的熱水器，去刺激消費，而是從企業供給側出發，推出創新的專利技術，並把技術價值成功轉化為市場價值，賦予這項專利技術一個市場化的概念「防電牆」，並將其進行商標註冊保護，具有了唯一性。因此，其電熱水器具有了獨特的屬類：防電牆熱水器，帶給消費者安全價值，因此有了值得信賴的依據（見圖 5-3）。

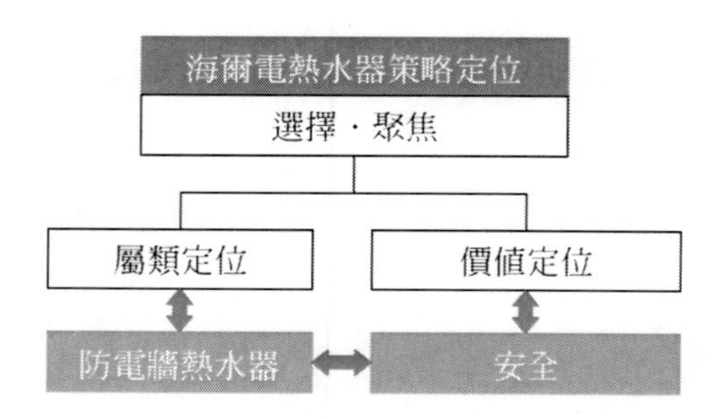

圖 5-3　海爾電熱水器雙定位策略

在群雄逐鹿的電熱水器市場，海爾電熱水器就是憑著雙定位的理論思維，一騎絕塵，占據了行業第一的位置，直到今天。

金龍魚調和油的雙定位成功之路

在中國，嘉里糧油（隸屬馬來西亞華裔創辦的郭氏兄弟集團香港分公司）旗下的「金龍魚」食用調和油，十年來一直穩居小包裝食用調和油行業品牌優勢地位。

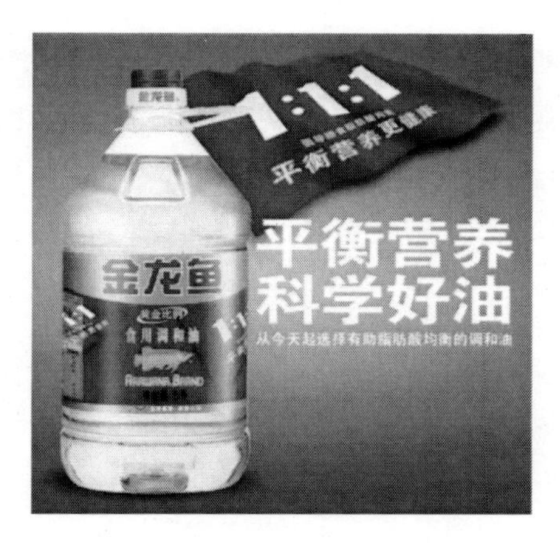

調和油這種產品是「金龍魚」創造出來的。當初，金龍魚在引進國外已經很普及的沙拉油時，發現雖然有市場，但不完全被國人接受。原因是沙拉油雖然精煉程度很高，但沒有太多的油香，不符合中國人的飲食習慣。後來，金龍魚研製出將花生油、菜籽油與沙拉油混合的產品，使沙拉油的純淨衛生與中國人的需求相結合，創新產品終於贏得中國市場。

為了將「金龍魚」打造成為強勢品牌，「金龍魚」在品牌方面不斷創新，由最初的「溫暖親情· 金龍魚大家庭」提升為「健康生活金龍魚」，然而，在多年的行銷傳播中，這些「模糊」的品牌概念除了讓消費者記住了「金龍魚」這個品牌名稱外，並沒有引發更多聯想，而且，大家似乎還沒有清楚的認識到調和油到底是什麼，有什麼好。

2002 年，「金龍魚」又一次跳躍龍門，獲得了新的突破，推出了全新概念屬類的「1：1：1」調和油，帶給消費者的價值定位為「平衡營養」，將調和油用全新的概念屬類表達出來，並給予消費者一個最好的購買理由，也帶動了中國調和油市場更大的消費空間（見圖 5-4）。

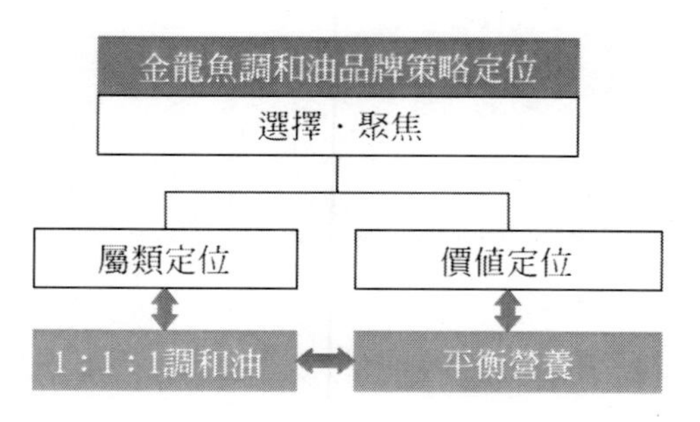

圖 5-4　金龍魚調和油雙定位策略

後來，金龍魚將屬類概念「1：1：1」進行註冊保護，賦予金龍魚調和油產品屬類的唯一性，用雙定位思維將屬類定位和價值定位清晰的表達出來。因為有了「1：1：1」的屬類定位，因此有了「平衡營養」的價值，站在使用者的角度，成功回答了消費者的兩個問題：你是什麼？我為什麼要買你？從而讓中國消費者真正認識了調和油這個屬類，開闢出調和油市場的廣闊天地。

舒膚佳香皂的雙定位成功之路

寶僑向來都是行銷界人士追捧的焦點。尤其是早期進入中國的舒膚佳香皂，成為眾多行銷人不斷研究、津津樂道的經典案例。

1992 年 3 月，「舒膚佳」進入中國市場，而早在 1986 年就進入中國市場的「力士」已經牢牢占住香皂市場。後生「舒膚佳」卻在短短幾年時間裡，硬生生的把「力士」從香皂霸主的寶座上拉了下來。根據 2001 年的數據，舒膚佳市場占有率達 41.95%，比位居第二的力士高出十四個百分點。

在許多的案例分析裡，有人說舒膚佳的成功，關鍵的一點在於它找到了一個新穎而準確的「除菌」概念。堅持「除菌」訴求十年不變，才是其成功的根本原因。在中國人剛開始用香皂洗手的時候，舒膚佳就開始了它長達十幾年的「教育工作」，要中國人把手真正洗乾淨 —— 看得見的汙漬洗掉了，看不見的細菌你洗掉了嗎？

也有人說舒膚佳的成功是由於強大的廣告攻勢和對中國市場的教育引導：在產品上市之初，舒膚佳就將自己的訴求重點放在「除菌」上，以中華醫學會推薦、實驗證明等方式論證人體很容易被細菌感染，如在踢球、擠車、玩遊戲時。顯然，這是舒膚佳在對消費者進行教育，力求做大除菌香皂市場。

但是這些分析都沒有觸及根本！今天，我用雙定位理論分析舒膚佳成功的真正策略。

舒膚佳的成功，不是定位於「殺菌」香皂的成功，所有的香皂都可以說自己是「殺菌」香皂。舒膚佳的高明在於，其品類定位為「迪保膚香皂」，「迪保膚」是獨有的差異化概念，用獨有的概念建立競爭壁壘，將產品的技術價值轉化為市場價值，和香皂品類鎖定在一起，創建了獨有和「唯一」的品類，正由於獨有的品類，從而為「殺菌」的價值定位提供了根源和保證。因此，舒膚佳的成功，是品類定位「迪保膚香皂」和「殺菌」雙定位的成功。同樣，所有和舒膚佳競爭的品牌，如果看不到其雙定位的策略根本，花再大的氣力也是枉然。

首先肯定的說，舒膚佳的成功，不是因為定位「殺菌」利益點，也不是因為強大的廣告攻勢，而是源於其雙定位品牌策略的成功。

如果是因為「殺菌」，消費者會想，舒膚佳香皂殺菌，力士的不能殺菌嗎？其他的香皂不能殺菌嗎？僅僅訴求殺菌，哪怕是十年如一日，但它本身並沒有可信度，因為所有的香皂都可以訴求「殺菌」。

舒膚佳產品包裝及廣告訴求中說得最多的，是其獨含的活性抗菌成分「迪保膚」，這是舒膚佳最好的武器，消費者會想，舒膚佳能夠抗菌，是因為它含有迪保膚成分。

如同消費者相信海爾電熱水器安全，是因為它獨有「防電牆」。

雙定位是品牌策略的核心，更是強有力的競爭策略。

采樂洗髮精十年來宣稱「去頭皮屑」，其廣告語很直接，「去頭皮屑就是這麼簡單」，但是，有多少消費者會想，買去頭皮屑洗髮精要買采樂？因為訴求去頭皮屑的洗髮精品牌至少有幾十個。采樂在去頭皮屑洗髮精領域深耕多年，就是沒有提煉出來一個讓消費者信服的獨有概念，並把這個概念和品牌的屬類定位鎖定在一起（見圖 5-5）。

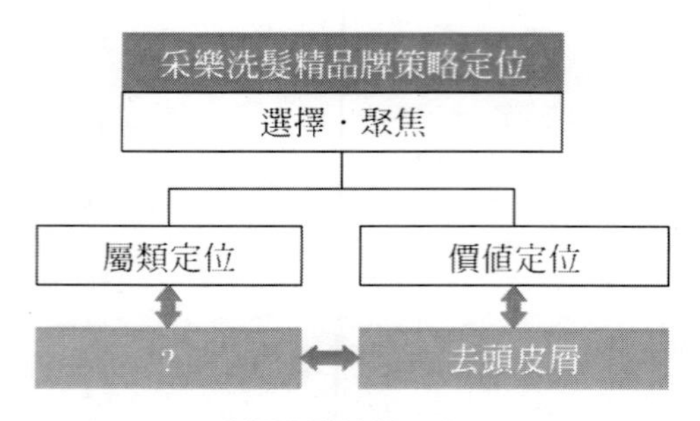

圖 5-5　采樂洗髮精雙定位策略缺失

沒有屬類定位，就難有價值再造

無論是屬類定位還是價值定位，都源於對行業發展趨勢的把握、對競爭格局的研究、對消費者心理的深入研究，以及對企業內部資源的深入挖掘。品牌策略雙定位，整體上是基於品牌的競爭策略，兼顧競爭導向和需求導向。

「雙定位」理論從供給側開始，回答消費者第一個問題：你是什麼？或者，你代表了什麼？回答這個問題可能是基於分化的屬類，也可能是顛覆性的屬類。重要的是基於企業的差異化核心優勢，從消費者的角度去思考你是什麼，而不是僅僅立足於企業內部的思考。品牌定位的另一方面是需求側，回答消費者第二個問題：我為什麼要買你？要考慮什麼是消費者認為有「價值」的東西。價值定位和屬類定位相呼應，因為全新的屬類，才能提供差異化價值。

有價值定位而無屬類創新則無源！有屬類創新而無價值定位則無利！

「雙定位」理論最有效的連接了供給側和需求側，互為呼應，形成鉗形合力，讓品牌定位更加精準。

屬類定位是將行業內原來品類的競爭對手打包放在一邊，用一個全新的屬類去顛覆！

屬類定位可以幫助企業突破現有的行業競爭框架，擺脫陳舊的思維模式，擺脫眾多行業發展進入成熟期甚至衰退期的無奈，重啟思維模式，開闢全新快車道，實現行業和產品生命週期的轉換，開拓全新的廣闊市場！

品類基於分化，屬類重在顛覆！沒有屬類定位，就難有價值再造！

在我們研究品牌附加價值的理論和實踐中，曾提出過「資訊不對稱創造附加價值」的觀點。在生產者、銷售者和終端消費者之間，因為存在資訊不對稱，或者商家有意識強化資訊不對稱，可以據此獲得更高的品牌溢價。比如，你賣饅頭我也賣饅頭，誰能多賣點錢呢，誰也賣不了！因為購買者知道一個饅頭能值多少錢。你賣得貴人家不會買你的。你燉牛肉我也燉牛肉，但我的燉牛肉有祖傳祕方、味道好，這祕方誰也不知道，所以我能賣得比你貴！只要創造出資訊不對稱，高附加價值就成為可能。

我這裡說的創造資訊不對稱絕不是像某些特殊的行業，比如醫療服務、保險業、二手車甚至房地產市場等，某些機構或個人利用大多數人不了解內幕的特點，隱瞞事實真相，矇蔽消費者，以達到獲取暴利的目的。

這裡所說的資訊不對稱，是作為一種行銷策略，是用一種巧妙的方式傳遞產品或品牌的價值。

「名牌」傳遞不對稱資訊。名牌商品向消費者傳達的一個訊號是：它是一種高含量的創造，就是應該比一般商品更貴也更值錢。

比如茅台酒，這個產品已經有兩百多年的歷史了。1915年，在美國加州的巴拿馬 - 太平洋博覽會上，茅台酒榮獲金質獎章，之後就聞名於世。這樣的元素在傳遞一個訊息，茅台酒是高價值的，必然也是高價格的。

常溫優格開創新屬類

一直以來，以技術、品質作為核心競爭力的光明乳業品牌，是中國乳品市場公認的新鮮優格第一品牌。但中國乳品消費的主流一直是常溫奶，伊利、蒙牛都是依靠在常溫領域創造的規模優勢建立起市場領導者地位。

2000 年之前，光明乳業是中國乳業霸主，但在 2002 年之後，光明乳業的霸主地位逐漸被伊利和蒙牛超越，到 2012 年，銷售收入已經不足蒙牛或伊利的一半。如何突圍？光明乳業最終決定採用錯位競爭模式避開對手強勢領域，在中國乳品行業的盲點 —— 常溫優格領域開拓新屬類市場。

2009 年，光明推出了「莫斯利安」，並於 2012 年全面上市。常溫優格「莫斯利安」讓光明乳業實現了銷售額的顯著成長，2014 年，光明乳業近 34%的營收來源於這款產品。從 2012 年到 2014 年，「莫斯利安」三年銷售額達 107 億元人民幣，光明乳業終於在 2014 年重新獲得 200 億元人民幣銷售收入。

「十花湯」屬類定位缺失

任何一個品牌，如果策略定位缺失，僅靠鉅額的廣告投入都無法支撐太久。商業史上無數有錢的大土豪，因為策略缺失而黯然收場，不勝枚舉！

「十花湯」，紅色罐裝的「十花湯」品類為「植物飲料」，廣告語為「怕油膩喝十花湯」。

我看到報導：「十花湯」的誕生，源於「十花湯」品牌創始人、「十花湯」飲品有限公司董事長在紐西蘭的一次經歷。

有一次，他看到當地的毛利人一隻手拿著漢堡和比薩，另一隻手拿王老吉，覺得很驚訝，一問才知道，毛利人只知道王老吉是草本飲料，卻不知道喝了有什麼作用。他又問，如果有一種飲料，喝了之後可以幫你把吃漢堡和披薩時吃進去的脂肪排出來，你感興趣嗎？毛利人馬上問，是什麼？哪裡能買到？

看到了沒有，當他問毛利人是否感興趣時，毛利人第一反應：是什麼？

消費者對於「是什麼」的第一問，不是問品牌名，而是在問屬類，因為消費者購買任何東西，首先明確自己要「買什麼屬類」，然後在同屬類中選擇某一個品牌！

王老吉訴求的價值是「怕上火」，十花湯訴求「怕油膩」，雙方的利益訴求都很明確，但是，根本的問題是：王老吉的屬類很明確：正宗涼茶；十花湯是什麼？是茶？是酒？是果汁？抑或是中藥湯？換句話說，消費者想到去油膩應該喝什麼？如果消費者不喝涼茶，那麼想買什麼的時候會想到十花湯？

另有報導〈十花湯鑄造「湯」類飲品第一品牌〉，就是說，十花湯是「湯類」？「湯」是一個屬類嗎？消費者會考慮「我要買一瓶湯」嗎？從中國多地市場了解，還沒有！中國消費者喝湯的習慣主要以家裡煲熱湯為主，幾乎沒有消費者到超市裡說：我要買湯。

在消費者的認知裡，十花湯是一個品牌名稱，而不是一個品類。

如果不能給十花湯一個明確的屬類定位，這個品牌就無法在消費者心中占據一個位置，儘管在短期內能夠靠廣告、靠促銷紅起來，但是，長期來看，因為無法在消費者心中占據明確而固定的位置，這個品牌必然會出問題（見圖 5-6）。

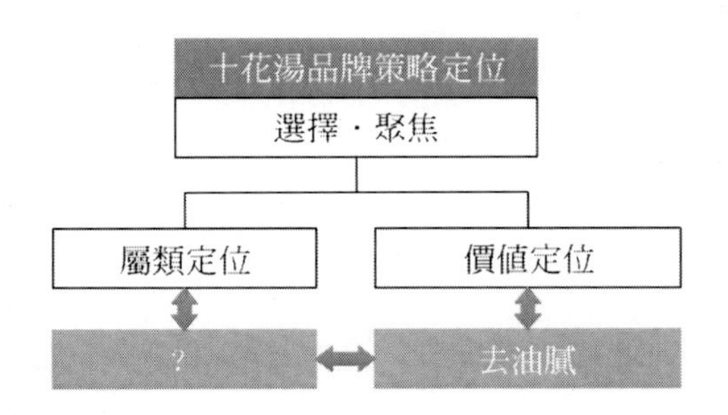

圖 5-6　十花湯品牌雙定位策略缺失

十花湯的廣告訴求是「怕油膩，喝十花湯」，這個價值定位準確嗎？僅僅看這句話是無法判斷的，判斷的根源在於要明確「十花湯是什麼」？從其包裝上看，屬類為「植物飲料」，實際上消費者心中，有沒有「植物飲料」這個屬類，換句話說，有沒有消費者到超市裡說：「給我一瓶植物飲料」？如果沒有，這個屬類就無法在消費者心中立足，或者說，消費者不會在任何時間、任何場景時想到十花湯；同時，其價值定位「怕油膩」就成了無源之水，失去了吸引消費者的強大力量。

我們還有路嗎？

如今消費者在超市裡隨處可看到「冰糖雪梨」，品牌有娃哈哈、今麥郎、康師傅、統一等大品牌，「冰糖雪梨」這個屬類在很短的時間裡得到消費者的廣泛認知。但是，很少有人知道「冰糖雪梨」是誰最先推出來的。這個不為大部分消費者所知的品牌是中國河北的一個品牌「趙州」。

「趙州」牌冰糖雪梨原料來源於中國雪梨之鄉——河北趙縣，是趙縣旭海果汁有限公司 2007 年推出的雪梨品牌，「冰糖雪梨」是其雪梨飲品的一個品類，但是，幾年市場運作後，趙州冰糖雪梨並沒有獲得廣泛的市場認知。直到娃哈哈、康師傅等飲料界的大公司推出各自品牌的冰糖雪梨，這個屬類紅了，當初推出這個屬類的「趙州」卻依然默默無聞。

小品牌費心血推出獨特的屬類，卻為行業大品牌做了嫁衣！這個問題怎麼解決呢？屬類差異化是實現品牌價值的重要途徑，對於小品牌來說，屬類創新怎麼做？如何避免被大品牌吞吃的命運？

有人說，創新一個屬類，最好的辦法是把這個屬類詞註冊了，保護起來！

有不少小企業這樣想。有一個企業找到我，要開發銀杏露，產品已經出來了，有註冊的品牌名，叫「某某牌」銀杏露，老闆最大的苦惱是：想獨占銀杏露的市場，但最大的遺憾是：「銀杏露」三個字註冊不了！

他以為把「銀杏露」三個字註冊，這個市場就真正屬於他了！這就好比某個企業想把「牛奶」兩個字註冊，全中國就只有他自己生產牛奶，真若如此，絕不可能有現在如此龐大的牛奶市場。

核磨坊的屬類創新

伴隨著「六個核桃」的快速崛起，以往不冷不熱的植物蛋白飲料突變為市場上新的成長極，「健腦」飲料也成長為一個市場空間巨大的、引人矚目的新屬類。

與其他行業一樣，只要市場空間足夠大、增速比較快，無數的企業便會蜂擁進入此行業。其中，有大個核桃、七個核桃、九仁核桃等；有植物蛋白飲料的老兵承德露露；有各色的新兵，如鶴寶核桃露、白象核桃露等。

河北華鵬食品公司企圖以自己的品牌進入核桃露市場。

我們提出的策略是屬類微創新，針對現有的屬類，開創或分化出一個新屬類，與現有屬類形成顯著差異。綜合企業工藝優勢，提出「細磨核桃露」屬類概念，將屬類價值輸入品牌名稱「核磨坊」，並註冊保護下來。

概念鎖定屬類，建立保護壁壘

獼猴桃就是我們常見的奇異果。1904 年，第一顆獼猴桃種子從中國進入紐西蘭。百餘年的發展，使奇異果產業成為紐西蘭的支柱產業。雖然中國獼猴桃的種植面積和品質資源都占世界鰲頭，可產品價格卻不到紐西蘭奇異果的十分之一，甚至出現滯銷現象。「獼猴桃」與「奇異果」，本是同根生，命運卻是大相逕庭。既然同樣是獼猴桃，紐西蘭為什麼叫它「奇異果」呢？據說，紐西蘭的國鳥是奇異鳥，名叫 kiwi。因為這種鳥沒有翅膀，圓滾滾的身材、蓬鬆的棕色羽毛，遠看之下和奇異果很相似，因此將奇異果命名為 kiwi fruit。當它來到中國市場時，根據音譯，得名為「奇異果」。

實際上，這更像是一種行銷策略。大家想想，如果進口到中國仍然叫「獼猴桃」，其面臨的第一個問題就是，如何讓消費者相信，紐西蘭的獼猴桃比中國的更好，而且價格相差十倍？

你也是獼猴桃，我也是獼猴桃，同樣的祖先，同樣的地球，憑什麼你的要比我貴十倍？

於是，為了和普通的中國獼猴桃區隔開來，為了更好的凸顯其價值，於是，我不叫獼猴桃，我叫奇異果！我和你是不一樣的！

不僅僅是名稱的不同，而是不一樣的屬類、不一樣的價值和價格！

有人說，這不是呼攏消費者嗎？應該告訴消費者真相！龍生九子，各有不同！一樣的祖宗不一定是同樣的名字，品種已經改良，基因發生了變化，名字自然也要不同，就是為了實現差異化和不一樣的價值。

這是行銷智慧，不是呼攏。如果做企業沒有這點意識，這不是因為你堅持了「真相」，而是因為你缺乏行銷智慧。

商業戰爭沒有真相，消費者的認知就是真相！

案例分享

案例　海爾：「防電牆」熱水器價值再造的典範

由於直排式燃氣熱水器存在嚴重的安全隱患，在中國，1999 年發表了〈關於禁止生產、銷售浴用直排式燃氣熱水器的通知〉，規定從 1999 年 10 月 1 日起，禁止生產浴用直排式燃氣熱水器，從 2000 年 5 月 1 日起，禁止銷售浴用直排式燃氣熱水器。

燃氣熱水器被迫出局，電熱水器迎來了市場快速發展期，中國多家家電企業快速引入國際先進技術設備，開始推出電熱水器。當時領先的品牌主要有海爾、阿里斯頓、小鴨、康泉、丹普、史密斯、大拇指等。各個品牌銷售員在家電賣場打得不亦樂乎，贏得消費者的關鍵除了防止漏水的各種「內膽」外，就是消費者最為關心的「安全」問題。

水是可導電物質，這是常識，電熱水器出來的水會不會帶電？如果漏水會不會帶電？各個品牌拿出了自己的概念，「出水斷電」、「滴水斷電」等，向消費者承諾。但是，消費者依然將信將疑，許多消費者洗澡時關上開關，甚至乾脆拔下電源。

2001 年，海爾推出了「防電牆」熱水器。銷售員告訴消費者，海爾電熱水器很安全，因為海爾有「防電牆」技術！當其他品牌也說自己安全的時候，消費者會問：沒有防電牆，你憑什麼說自己是安全的？

不久，防電牆被寫入了國家安全標準，並寫入國際 IEC 標準，中國電熱水器標準走向了國際，成為世界的典範。

當電熱水器市場陷入混戰的時候，海爾將研發技術價值轉化為消費者最關注的市場價值，用新概念「防電牆熱水器」屬類區隔普通的電熱水器，帶給消費者最關注的價值——安全，解決了消費者最大的擔心和困惑。

也正是「防電牆」熱水器的推出，使原來電熱水器和燃氣熱水器平分秋色的狀態被迅速打破。電熱水器迅速替代燃氣熱水器，被市場廣泛接受，從此開闢了全新的大市場。

海爾憑藉「防電牆」，從激烈的海內外品牌競爭中脫穎而出，多年來穩居電熱水器行業第一品牌，直到現在，海爾防電牆熱水器是電熱水器中唯一利潤率 40%以上的產品，而且保持高利潤連續十五年。

案例　野蠻香：聚焦優勢入木三分成就黑豬肉品牌典範

和農牧業是以飼料生產、玉米收儲及黑豬放養為主的畜牧業集團企業。近年來市場上黑豬肉產品同質化嚴重，差異化概念缺乏；品牌魚龍混雜，隨著大品牌和大資本進入，洗牌之勢初現。和農牧業必須審時度勢，整合優勢資源，打造具有競爭力和影響力的黑豬肉品牌。

基於區位資源優勢，再造屬類定位。消費升級背景下，消費者願意為高價值豬肉付出高價格，因此，和農牧業必須進行價值再造，提高屬類價值。目前市場上，「有機」、「生態」、「黑」、「笨」、「土」、「散養」、「山」、「林」等品類詞彙認可度高，但是沒有形成差異化。和農牧業在此基礎上結合企業區位優勢——長白山區域，嫁接地理優勢，進行屬類價值再造，以「長白山散養黑豬肉」屬類價值打造高價值黑豬肉品牌。

連接深層消費需求，再造價值定位。創建品牌先要洞察消費者需求，找到一個強有力的核心價值，形成購買理由。消費者購買高價格的黑豬肉，主要期待的是好吃、肉香及安全、健康。

從市場表現來看，「安全」為豬肉品類的基礎保障性因素，「健康」為形成確定性購買因素，因此「香」成為黑豬肉價值定位的方向。結合和農牧業黑豬長白山散養、原始生態養殖的特性，進行價值再造，確定了「野蠻香」品牌名稱。

「野蠻香」聚焦長白山散養優勢，充分挖掘消費者對豬肉的本質需求，進行價值再造，打造高價值黑豬肉品牌，成為東北黑豬肉品牌典範。

第六章
屬類定位：你的業務是什麼？

第六章　屬類定位：你的業務是什麼？

屬類定位可以幫助企業突破現有的行業競爭框架，擺脫陳舊的思維模式，擺脫眾多行業進入成熟期甚至衰退期的無奈，重啟思維模式，開闢全新快車道，實現行業和產品生命週期的轉換，開拓全新的廣闊市場！

品類基於分化，屬類重在顛覆！沒有屬類定位，就難有價值再造！

品牌雙定位的內涵指向兩個方面，屬類定位和價值定位。屬類定位回答了消費者的第一問：你是什麼？或者，你代表了什麼？價值定位在屬類定位的基礎上，回答了消費者第二個問題：你有什麼不一樣的價值？

品牌價值定位是給消費者一個顯著的購買理由。在雙定位策略中，屬類定位至關重要，消費者首先明確你是什麼，代表了什麼屬類；只有明確了這個問題，才會在心中把你歸入某一個類別，在考慮購買這個屬類的時候想到選擇你。

也只有在屬類定位清晰的前提下，才能夠明確品牌的價值定位，比如王老吉屬類是涼茶，才有「預防上火」的價值定位；六個核桃屬類為「核桃露」，才有「健腦」的價值定位。

如果屬類不清晰，價值定位則成了無源之水。比如，「十花湯」植物飲料，當消費者不知道其代表了什麼屬類的時候，其價值訴求「去油膩」則變得空洞無依。

品牌價值定位是品牌策略的主要部分，價值定位是打動消費者選擇和購買的關鍵因素。比如，舒膚佳定位於「殺菌」；BMW 定位於「駕駛的樂趣」；唐駿輕卡定位於「耐用」；核磨坊定位於「深吸收」；可口可樂定位於「正宗與經典」；百事可樂則定位於「新一代可樂」。

品牌價值指的是消費者能夠感知到的價值，產品和品牌的價值只有讓消費者感知到，才具有實際的意義。

一款產品或某個品牌是不是具有某種價值？其產品和品牌的塑造是不是讓消費者感知到了價值？我們每個人根據自己的經驗來判斷，感知到的事物不同，對待世界的態度也就不一樣。從這個角度說，消費者的感知才是真相。

市場已經進入屬類競爭時代

基本產品競爭階段

中國明確進入市場經濟是從 1992 年開始。特別是 2001 年中國加入世界貿易組織（WTO）之後，中國參與經濟全球化的步伐明顯加快。伴隨著市場化、工業化和國際化的發展，中國市場在龐大的需求、廉價的勞動力、大量資源和能源投放的慣性下，迅猛發展。

從微觀來看，企業在 1992 年後的十多年間進行的是基本產品之間的競爭。改革開放十年後，中國市場迅速從物質匱乏進入供大於求的狀態，粗放式的發展導致市場很快進入同質化競爭，市場競爭自然而然的進入白熱化時代。隨之而起的價格戰、功能戰、廣告戰、促銷戰、服務戰都圍繞產品而設計。家電、汽車、家具、手機等各個領域，都陷入同質化泥淖，叫苦不迭。

產品品類競爭階段

為擺脫同質化的競爭，企業的品牌意識逐漸增強，品牌成為企業塑造差異化認知的重要手段。美國定位專家艾・里斯提出了品類分化的理論，避開競爭，不是在同一個品類裡纏鬥，而是細分市場，分化品類，在細分品類中創造第一。品類理論影響了許多企業，在眾多的行業中，新品類層出不窮，極大的豐富了商品市場，也讓消費者有了更多的選擇。

品類分化是在消費者心中的分化，而品類不能無限分化。例如，飲料市場如今已經分化出碳酸飲料、果汁飲料、乳飲料、維生素飲料、營養飲料、預防上火的飲料等等，各種概念品類更是讓消費者分不清楚。每一個細分品類對於開創者看似是藍海市場，但是，很快會被眾多競爭者跟進，小企業推出新品類成功的機率很小，要麼被大品牌跟進成為先烈，要麼建立保護壁壘難以做大。即使如此，透過新品類概念建立差異，提升價值，仍然是眾多企業無奈的選擇。

產品屬類競爭階段

資訊時代，網路經濟正以人們無法想像的方式改變著這個世界。這是一個快速顛覆的時代，是一個隨時被跨界者攻擊的時代！曾經在幾年前被人們羡慕的行業：電視、報紙等媒體機構，電信企業等，如今已經發生了難以置信的變化。

中國移動說：我們活在壟斷的世界裡這麼多年高枕無憂，大夢醒來突然發現，騰訊才是我們真正的競爭對手。

裝修行業還在爭相打價格戰，小米家裝說：699 元人民幣／平方公尺，二十天完工，手機監工，不用去工地，有需要的話，設計師上門服務。

從微觀層面上看，產品之間的競爭正在跨越品類，進入屬類競爭時代！

品類的機會在於分化既有市場，屬類卻是創造新市場！

柳橙汁行業的競爭是很好的例子：1998 年以來果汁飲料一直維持在 10%左右的成長速度，匯源百分百果汁不冷不熱，一直處於默默無聞的位置，其市場潛力未被人察覺。

統一企業 2001 年 3 月推出的「統一鮮橙多」低濃度果汁，迅速喚醒了果汁市場。透過將果汁的濃度調低，從而前所未有的開發了比「果汁」市場更大的「果汁飲料」市場。將果汁的濃度調到 13%，不僅口感好，也更加具備了解渴的功能，從而使得果汁飲料的消費從一種偶然消費變成了隨時消費，僅 2001 年即狂銷 10 億元人民幣。

從匯源的「果汁」到統一的「果汁飲料」，統一開創了全新屬類，顛覆了傳統果汁市場。透過這一策略，統一創造出一個嶄新而龐大的市場。

2002 年，康師傅迅速跟進，推出了「鮮の每日 C」，鮮橙多推出了「多 C 多漂亮」，康師傅則直接在品牌名稱中加上「每日 C」。在推廣上康師傅更是疾風暴雨！以梁詠琪為形象代言人，在電視、報紙、網路、戶外等媒體進行高空、低空、地面輪番轟炸。2002 年的果汁飲料市場，被統一和康師傅颳起猛烈的旋風。

康師傅採用的是品類跟進策略。

2004 年，可口可樂公司在中國市場推出了美粒果，訴求「特加陽光橙肉」，用「加橙肉的橙汁」細分橙汁飲料品類。之後，純果樂、樂源等品牌跟進，訴求「鮮果粒」和「雙倍果粒」。進一步分化果粒橙汁品類，橙汁飲料市場再次進入了平穩階段。

直到 2016 年，一款全新的橙汁飲料再次攪動了市場：農夫山泉推出了 NFC 橙汁。所謂 NFC，即英文 not from concentrate 的縮寫，中文稱為「非濃縮還原汁」，是將新鮮原果清洗後壓榨出果汁，經瞬間殺菌後直接罐裝（不經過濃縮及復原)，完全保留了水果原有的新鮮風味。而市場上絕大多數的純鮮果汁，其實只是一般的濃縮還原果汁，是將濃縮果汁兌以水、糖、防腐劑等還原成可喝的果汁。由於經過濃縮與還原的複雜加工，其新鮮度及口感均無法與 NFC 產品相比。

「NFC」非濃縮還原汁作為全新屬類，在普通的橙汁品類中開創了一個全新的市場。

案例分享

案例　獅王陶瓷：以新概念再造屬類引領瓷磚行業進入六防時代

瓷磚行業廣東一線品牌展開全中國策略布局，行業品牌化步伐加快，山東品牌發展迅猛，獅王陶瓷面臨前後夾擊，產品附加價值低，品牌優勢越來越小，昔日一方霸主地位岌岌可危。

市場產品同質化日益嚴重，獅王陶瓷欲擺脫「老三套」競爭模式，亟須進行價值再造，開創差異化新天地。

立足功能的屬類定位再造。功能需求主導消費心理。獅王陶瓷尋求優質瓷磚基因，基於其內部的高密實結構，獅王瓷磚突出防滑、防汙、防菌、防劃痕、防色變、防脹裂特性，功能利益概念化提升為「六防瓷磚」，實現屬類的差異化創新。

基於情感的價值定位再造。「六防瓷磚，磚愛家人」這一創意為冰冷的瓷磚注入溫暖的「親情」血液，營造打動人心的情感氛圍，拉近品牌和消費者的關係。對家庭的關愛使獅王陶瓷品牌更具有親和力和銷售力。

從賣產品到賣品牌，從低價格到高價值；從做經銷商到做終端，從山東品牌到全中國品牌。獅王陶瓷「U ＋六防」瓷磚引領瓷磚進入六防時代，招商拓市，品牌影響力節節攀升。在 2009 年至 2010 年上半年，全中國瓷磚市場一片低迷的情況下，依然保持近 20%的快速成長，行業區域霸主地位得到充分鞏固。

第七章

價值定位：為什麼買你的產品？

第七章　價值定位：為什麼買你的產品？

品牌價值指的是消費者能夠感知到的價值，產品和品牌的價值只有讓消費者感知到，才具有實際的意義。從這個角度來說，消費者的感知才是真相。

與其花精力做很多讓人記不住、分不清的平凡產品，不如集中企業所有精力打造一款真正的極致產品，讓消費者用了之後就忍不住發出「Wow ！」的讚嘆。

當人們談論好品牌的時候，其實是在談論背後的好價值。

品牌是企業最柔弱而最有力量的部分。品牌是企業的靈魂。

只有品牌，能夠承載企業家的夢想，寄託企業家的理想和價值。只有品牌，能夠回答企業和企業家最根本的問題：我是誰？我為什麼而存在？我要到哪裡去？這是企業的哲學，也是人生的哲學。

品牌是什麼？儘管對於品牌意識的灌輸已經許多年了，但是，許多做企業的人，依然感覺品牌是個很玄的概念。在人們的直覺中，品牌就是知名度。人人皆知，知名度大的，是大品牌，知名度小的，是小品牌；在全中國有知名度的，是全中國品牌，只在一個區域有知名度的，是區域品牌；如果一個品牌某人連名字也沒有聽說過，你說它是大品牌，他會很疑惑：「我都沒有聽說過，也算是品牌？」

由此可見，品牌的大小標準在不同人心裡不一樣，人們認知到的，會認為是品牌，沒有認知的，也就談不上品牌。

由此，許多人認為品牌就是要做宣傳，做廣告，打出知名度：「消費者都知道了，品牌不就出來了嗎？」

做宣傳，做廣告，僅僅是品牌行銷的一個手段，但絕不是品牌的內涵，更不是品牌全部的意義！

品牌的背後必然有產品，產品是品牌的根基，品牌基於產品而來！

最簡單而言，品牌有哪些看得見、摸得著的特徵？產品的名稱，產品的包裝，產品在終端店面陳列的形象，在網路上的頁面形象，在各類媒體上的廣告形象。這些，全部是品牌的內涵！

有人說，如此說來，老闆替產品起個名字，找設計公司設計一套漂亮的包裝，找廣告公司設計店面形象，網路上再找個公司設計個店鋪，花錢做個廣告……以為就有品牌了！

首先我們來釐清品牌的多重含義：

有明確的品類屬性、明確的價值定位，這是品牌策略層面的含義，是公司策略頂層設計的範疇，由公司經營決策層來定奪。

基於定位的品牌名稱、視覺符號、支持系統、廣告語、差異概念，是構成品牌的元素。

基於定位的策略產品、產品線規畫，通路模式設計，傳播模式規畫，是品牌的落地實施系統。

基於定位的管理系統支持：資金支持、組織和人員支持、文化價值體系以及客戶關係管理，是品牌持續的保障。

所有這一切的核心在於：基於定位，表達定位。

品牌價值：基於消費者行為和價值觀

消費者行為包括消費過程中人們的思想活動、感受，以及他們所採取的行動。它還包含環境中影響思想、感受與行動的所有事物。除了自身因素以外，這些事物還包括其他消費者的意見、廣告、價格資訊、包裝、產品外觀等。消費者行為是動態的、互動的，是與交易行為相關的。

消費者行為學領域涵蓋了很多方面：它研究個體或群體為滿足需求與欲望而挑選、購買、使用或處置產品、服務、觀念或經驗所涉及的過程。消費者是指在消費過程中產生需求與欲望，實施購買並處置產品的人。消費的產品可能包括一個物品、一則資訊、一項制度、一個大眾人物等等，一切事物。而滿足的需求與欲望則包括基本的生理需求，比如解決飢餓、寒冷；以及心理需求，比如渴望愛情、追求地位及精神滿足等。

對人的心理研究是一項複雜的工作。因此，消費者行為學涉及多項學科，包括文化人類學、歷史學、人口統計學、總體經濟學、社會心理學、臨床心理學等，包含關注群體的總體消費者行為研究和探究個體的微觀消費者行為研究。

中國消費者受普遍的價值觀的影響。如好面子，是中國人強烈自尊心的反映。許多人批評中國人好面子的心理。實際上，好面子是一個人奮發向上的動力。為了面子，努力學習，努力工作，努力成為有成就的人；為了面子，遵守道德和法律。比如，一個人因為貪汙、受賄而進了監獄，那不僅僅是丟了自己的面子，把祖宗的面子、子孫的面子都丟盡了。或者一個人因為不孝敬老人、虐待老人而被人背後唾罵，就是把全家人甚至一個家族的面子都丟了。面子就是臉面，試想，如果一個人連臉面都不顧忌了，還有什麼壞事做不出來？

中國人好面子的心理特點，催生了龐大的禮品市場，送禮就是送面子，裡子面子都要有。裡子是產品自身的品質和價值，面子是產品的外在表現，包裝、品牌、價格等。中國的傳統節日中秋節、春節是最大的禮品消費時機，還有令商家挖空心思的情人節、七夕節、父親節、母親節等，都在圍繞面子心理作文章。

另一個普遍的價值觀是孝敬父母。中國的孝文化源遠流長。「孝」是儒家文化的核心，是千百年來中國社會維繫家庭關係的道德準則，是中華民族的傳統美德。中國古文化一路流傳下來許多關於孝文化的感人故事，讓孝文化在中國一代代傳承。

真正能夠長久傳世的品牌，一定嫁接了某種文化價值觀。

和孝文化嫁接的品牌從菸酒保健品到服裝服飾。在中國市場大家熟悉的直接表達孝文化的品牌，如腦白金，其廣告語「孝敬爸媽腦白金」就把品牌和孝文化緊密對接。為什麼兒女買東西給父母更顯孝敬呢？在中國，進入老年的父母恪守簡樸生活的價值觀，不捨得自己買東西，寧儉勿奢，這也是儒家、道家文化的傳承。比如道家文化中，老子恪守「三寶」：一曰慈，二曰儉，三曰不敢為天下先。「儉」是人生修練的崇高境界。

影響消費行為的價值觀通常包括：和美的家庭、成就感、平等、自由、安全、快樂、成熟的愛、自尊、社會的認可、真誠的友誼和智慧等。

網路資訊時代影響著人們的價值觀。如前所述，中國人的消費方式正從物質層面向精神層面深化，崇尚正能量，展現人文情懷與精神魄力的品牌受追捧。

品牌價值定位的三個層級

根據消費者需求心理，品牌價值定位可以分為三個層級：理性價值、感性價值和文化價值。

品牌理性價值

大多數人說到品牌，想起的是那些耳熟能詳的世界名牌。

在人們心裡，那些國際知名品牌代表了非同尋常的身分、昂貴的價格和奢侈的享受，當然還有非同尋常的產品品質。

品牌代表著品質、消費者的放心和信賴，代表不一樣的身分和情感，包含了理性價值、感性價值和文化價值的意義。

所謂「理性價值」，側重於產品本身代表的價值，比如產品的功用、性能，以及本身具有的審美價值，這是某個品牌的產品為消費者帶來的基本的價值屬性。

Volvo 因其品質和設計而安全耐用；BMW 操控優秀，即使在冰面上，也能操控自如；可口可樂提供好口味的飲料；營養快線隨時提供身體營養；紅牛幫助你在運動中增加能量；康師傅紅燒牛肉麵提供方便快捷的食物。

在品牌價值上有一種觀點，即認為理性價值的附加價值不高，品牌一定要提升到感性和心理價值，或者文化價值上，才能夠賣出更高的附加價值。

實際上，根據心理學研究，人們的感性和心理價值依賴於理性價值。也就是說，如果在產品的包裝或廣告中只訴求某種情感和心理價值，而沒有提供產品的理性價值，沒有提供消費者購買的理性的理由，這樣的廣告沒有意義，浪費情感也浪費金錢。

華為手機依靠品質贏得了人們的尊重。

2017 年，華為全球品牌知名度由 2016 年的 81％提升至

85%，在 Interbrand 全球最佳品牌百強榜單中排名提升至第七十位。海外消費者對華為品牌的考慮度大幅提升，較 2016 年同比成長 100%。在中國市場，根據 IPSOS 資料，華為品牌知名度、考慮度、NPS（使用者淨推薦值）位列全中國第一，全方位成為中國手機第一品牌。

在中國市場，2017 年，華為的中國市場知名度超過 97%，品牌指標基本穩定。2017 年、2018 年，華為連續兩年入圍「CCTV 國家品牌計畫」並成為 TOP 合作夥伴中唯一手機品牌。

對於手機產品而言，品牌的基礎是產品品質。如果沒有夠強的產品，就算品牌行銷投入再大，那也是空中樓閣。

在追求產品品質方面，華為手機有個經典比喻，那就是做到人民幣的品質，就是在流通壽命中絕不會有「壞掉」的擔憂。據稱，華為的品質部門致力於把華為手機做到像人民幣的品質一樣，簡單，標準化，高品質，終身免維護。如果華為手機做到像人民幣一樣，在使用生命週期中不壞、不出故障，華為就會成為一個「高品質」的代名詞。

為了解決一個在跌落環境下致損機率為三千分之一的手機相機鏡頭品質缺陷，華為調集了三十多個可靠性專家做了一個月的試驗，用了二十多種測試方案來測試。為了搞清楚按鍵的失效模式需要反覆測試，每一次都是以一百萬次為單位做按鍵測試。

從品牌角度來看，品質就是華為的自尊。產品品質和服務是消費類產品的根本，是使用者最重視之處。從產品品質和服務兩方面下工夫，讓華為在消費者中擁有美譽度和品牌口碑。

信用可以讓人信賴，你必須為自己的品牌或產品建立信用。你必須表現出：這款產品就像你所表現的、說出來的那樣偉大，它是非常值得購買的。

給品牌或產品一些支持點，告訴目標消費者，信賴產品或品牌的原因，要具體，要能看得到，而不僅僅是一句空洞的廣告語。

品牌感性價值

簡單的說，感知價值即消費者感覺和知覺上的產品價值，它透過與實際價值（產品可變成本）的對比來呈現。也可以說，在產品的定價中，最低價格應是產品的可變成本，而最高價格就是感知價值。

比如，你覺得正品 LV 帆布包和正品 Gucci 皮包的成本價應該是多少？

義大利奢侈品牌 Gucci 總裁迪馬可在接受法國《論壇報》採訪時說，LV 帆布包的材料成本是一公尺 11 歐元，Gucci 皮包的材料成本是一公尺 160 歐元。

而正品 LV 帆布包和正品 Gucci 皮包最終的售價無法和成

本價格比擬。如果，這兩款產品在市場上售價分別為 11 歐元和 160 歐元，你會怎麼想？……消費者購買的不僅是產品，而是購買某種價值。

人們購買汽車，不是僅僅為了駕駛和代步，而是想獲得某種適合自己的幸福的生活方式。

人們的很多購買決策並非是理性的，感性因素占據著很大分量，產品的價值只有被消費者感知到，才可能被更好的接受。

當前中國已進入享受型消費時代，享受型重要的表現之一是感性消費，人們消費的目的不再是單純的商品，更多是關注其背後的感性價值。所謂「感性價值」是基於人們主觀上的感覺而形成的價值，是消費者對產品或品牌所產生的感覺或意象，是一種心理上的期待或感受，或者是對產品或品牌產生的認同和偏愛。

消費者會透過視覺、聽覺、嗅覺、味覺和觸覺等通路來獲得感知，這種感覺或情感會直接決定消費者的購買意願和使用的滿意度。感性價值包括情感心理價值和實現自我表達的利益價值。

品牌感性價值最常見的莫過於酒。喝酒是一件感性的事情，品質很重要，感性更重要。喝酒的人，不一定愛上的都是酒，而是那種感覺。因此，白酒的行銷尤其注重感性行銷。

無論在哪個行業、哪個領域，凡是被冠以「國」字名號的，一定是這個領域最好、遙遙領先的。比如在高級白酒領域，儘管叫得響的白酒品牌很多，然而真正算得上這種分量，且擔得起「國酒」威名的，唯有茅台和夢之藍這兩大品牌。

茅台的「身價」與日俱增，洋河的表現同樣顯眼，其市值連年飆升，在創新高的道路上停不下來。據 2017 年年報顯示，洋河實現營收 199.18 億元人民幣，同比成長 15.92%；淨利潤 66.27 億元人民幣，同比成長 13.73%。這些數字遠超白酒行業同期平均增速。

正所謂「得高階者得天下」，夢之藍、茅台都是超高階價格帶上的「旗手」。尤其是新國酒夢之藍，憑藉「夢之藍 M9」與「52°夢之藍・手工班」兩大產品，牢牢占據著 1,500 至 2,000 元人民幣價格區間。千元價格帶素來有鮮明的標竿性、旗幟性作用，歷來都是「兵家必爭之地」。站在這個價格高地上，正如洋河常提的「毛竹理論」一樣，夢之藍之前不顯山不露水，卻借助長期的品牌蓄勢，最終迎來了「新國酒」的蝶變。

「夢之藍 M9」與「52°夢之藍・手工班」的存在，常常被行業專家比作「一樹兩花，並蒂雙強」。一來都有著「新國酒基因」，二來都是超高級白酒產品，三來都是高階人群的身分象徵，二者就像在同一棵樹上開出的兩朵花，十分富有觀賞性。

夢之藍品牌的崛起，是在菁英階層心裡構築起致命誘惑。這就是品牌的感性價值。

品牌審美價值

凝視絕不只是去看，它意味著一種權力的心理學關係，在這種關係中，凝視著被凝視的對象。

—— Jonathan E. Schroeder

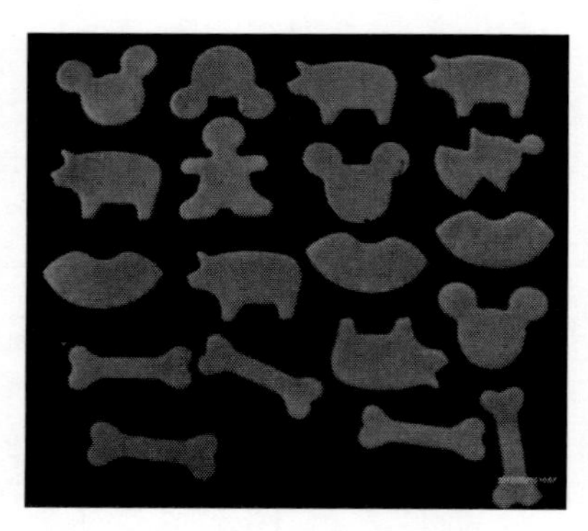

產品為什麼要注重審美價值，這要從視覺文化的概念說起。

看，是人們生存的基本形態之一。

心理學的研究顯示，視覺是人們了解世界的主要通道。我們所認知的大部分資訊是透過視覺獲得的。黑格爾從哲學上指出，在人的所有感官中，唯有視覺和聽覺是「認知性的感官」。

視覺和消費有什麼直接的關係？我們可以透過一個通俗的概念來理解 —— 逛街。

可以說，消費的完成是從「逛街」開始的，在網路興盛之前，人們的消費常常伴隨著「逛街」而完成，城市的商店、超市、徒步區還有夜市等，鄉下三五天一次的趕集，主要的功能之一是滿足了人們「逛街」的需求。下班後，節假日，許多人不是有目標的買東西，而是去「逛街」。在大街上，夜市上，商場裡，無目的的閒逛。如果「過眼癮」是視覺享受，那麼，突然有一件東西讓自己「眼前一亮」，毫不猶豫買了，視覺消費就完成了。

對於普通消費者來說，更美、更亮麗的產品更能激發購買欲望。這是因為對美好事物的追求和嚮往是人類的天性。對於消費者來說，所購買的產品既要有實用性，也要有審美價值。

視覺愉悅和快感體驗成為我們日常生活的重要因素。從城市規畫到建築設計，從家居裝飾到形象設計，從影視娛樂到廣告形象，人為化的視覺環境造就了新的視覺生態。較之於我們的前輩，我們越發的感受和追求視覺的快感，也越發的體驗到外觀的視覺美化成為主流。

據一項消費調查顯示，在居民常見的耐用消費品領域，手機、汽車、電腦、電視機、空調這幾種產品的消費者在進行購買選擇時，已有高達 38% 的消費者是先選「外觀造型」，

而不是「性能品質」。其中手機的外觀關注度最高，比例達到59%；其次是電腦和汽車。

人們更願意購買那些看起來時髦的、流行的、包裝高大上的產品，因為這類產品對人們更有吸引力和誘惑力，如同對「美女」、「高富帥」的追逐，這是一個追逐視覺美的時代。

在消費者對審美價值的需求中，主要表現在產品的形狀、樣式、商標、包裝、色彩、大小等方面。

近期的一項消費研究顯示：37%的中國消費者將科技產品的外觀美觀性放在首位。二十至二十九歲消費者對於科技產品外觀風格的關注程度最高，其中有37%強烈同意外觀左右了他們選擇購買何種產品，而僅有5%堅決否定了該觀點。緊隨其後的是三十至三十九歲消費者（36%非常同意，另有6%強烈否認）和十五至十九歲青少年消費者（34%強烈贊同，另有11%堅決否定了該觀點）。而相比之下，對於五十歲以上消費者而言，科技產品的外觀風格對於購買決策的影響程度大幅降低，強烈同意的比例下降至23%。

另據調查，全球三分之一的消費者表示外觀和樣式很重要，相比之下不足十分之一的受訪者（9%）表示外觀和樣式完全不重要。有趣的是這一比例在男性和女性中都相當均衡。

土耳其、墨西哥、巴西消費者對科技產品外觀最關注，在這些國家近半數消費者表示在決定購買哪個科技產品時外觀和樣式非常重要，這麼認為的土耳其、墨西哥和巴西消費者分別占 49%、48%和 45%。

有消費者認為一個外觀舒適、漂亮的科技產品一定是好產品。因為科技產品之所以漂亮取決於它合理的幾何構造，而合理的幾何構造也呈現了產品的品質優異。

品牌文化價值

品牌為什麼要賦予文化價值？

文化是一種軟價值。通常我們把產品的價值分為硬價值和軟價值兩部分。硬價值即產品的品質、性能、技術等產品自身的使用和功能價值。這部分價值由生產企業決定，在銷售終端幾乎無法改變。而軟價值則是附著於產品之上的價值。該價值的高低取決於品牌效應、顧客購買場所的氛圍及心理滿足感、經銷商服務能力等多方面人為因素。

事實上，一個行業中各大知名品牌的硬價值相差無幾，都能滿足顧客正常的使用需求。所以，在品牌紛繁、競爭激烈的市場中，商家需要終端透過創新的行銷模式提高產品的軟價值，從而與其他品牌區別開來，獲得更多的銷量。

品牌的文化價值不是替品牌貼一張文化的標籤，不是呼攏或強加給消費者的理念。恰恰相反，品牌文化價值是源於消費需求、迎合消費心理的。

第七章　價值定位：為什麼買你的產品？

人們消費的意義是什麼？

人們都有這樣的消費經驗：購買過不好吃、沒有營養的食品；購買過從來不穿的衣服、壓在箱底的首飾、轉眼即凋謝的大把玫瑰。

這些說明消費者行為的一個基本前提：人們購買產品常常並不是因為它們能做什麼，而是因為它們意味著什麼。「意味著什麼」比「是什麼」更為重要。

行銷是為扮演不同角色的消費者提供適宜的道具。社會學視覺下的角色理論認為，大部分的消費者行為都如同一場戲，每個消費者都有特定的臺詞、道具和服裝，這樣才能夠把戲演好。因為人們要扮演許多不同的角色，要根據扮演的不同角色而選擇產品或品牌。比如某個女性，是公司裡的高階主管，是閱歷豐富的成功人士，是有教養、有社會地位的社交人士，同時是孩子的母親，是父母的女兒，是賢惠的妻子等等，具有多種角色。其在扮演不同的角色時，需要不同的道具，包括服飾、髮型、交通工具、飲食方式等。因此，不同的產品和品牌，是為她提供扮演不同角色時的道具，幫助其演好某個角色。這些道具的背後，會承載某種和其功能、使用場合、扮演角色相協調的文化背景。

不管行銷者有意或無意，消費者會按照自己的想像解讀產品背後的含義，把自己的欲望和假設映射到產品或廣告上。

尤其對於品牌而言，消費者對其認知和解讀不僅有物質功能價值，也包含其象徵含義。因此，我們要記住，消費者對於產品的評價一般是根據產品或品牌本身意味著什麼，而不是產品能夠做什麼。了解這一點很重要，這關係到我們對於產品和品牌的定位，不僅僅要考慮其物質層面的屬性，也要考慮與消費者精神層面的溝通。

充滿傳奇的奢侈品牌往往代表著一個國家的歷史、藝術和文化。愛馬仕，這個誕生於巴黎的奢侈品牌，猶如一顆永遠璀璨的星辰。法國人對於愛馬仕的敬仰猶如一種信仰。在人們的心中，它就是「法國式工藝」最完美的代表。它每一款看似尋常卻不平常的產品，從箱包、服飾，到小小的杯墊、浴巾、菸灰缸等生活用品，都展示其精美絕倫，與眾不同，而售價也遠遠高於普通的品牌。這就是它代表的風範，只要是愛馬仕的產品，所追求的便是精與美。

品牌的文化價值不僅僅在奢侈品牌上展現出來。所有的品牌，都會承載恰當的文化，典型的如香菸和白酒。

被譽為「國酒」的茅台是中國白酒文化的代表。在中國，無論是走親訪友還是宴請賓客，茅台酒都代表著尊貴和高級的生活方式。茅台酒是世界三大著名蒸餾酒之一，也是中國醬香型白酒的典範，作為中國白酒文化的象徵而享譽全球。

結合中國生肖文化，茅台推出了系列「生肖茅台」，集生肖文化、五行文化、國畫藝術等文化元素為一體，是中國現代白酒文化和傳統文化的有機結合，具有特殊的藝術品味和收藏價值。馬年生肖茅台酒以紅色瓶身代表馬年屬火的五行屬性，以印章「甲午馬年」為干支紀年，並由中國國畫大師徐悲鴻關門弟子劉勃舒先生繪製《春風得意馬蹄疾》畫作。劉勃舒先生發揚其師傳技藝，以馬寫心，以馬弘志。畫作蒼勁有力，栩栩如生，盡抒馬騰盛世、馬到成功之意。

傳統文化的滲透

在做企業諮詢中，我們遇到一些企業家注重周易風水之說。比如，品牌名稱要符合某個測字的系統，品牌名的筆畫加起來的數字要吉利。有的企業家注重陰陽五行學說，在品牌形象的創意設計中，注重哪些顏色代表金木水火土的含義，依據五行相生相剋的原理判斷應該選擇哪一個。

在中國傳統文化中，周易、五行、風水之說深入人心。這種文化不僅影響中國人的做事方式，甚至國外企業進入中國，也要吸收中國的傳統文化元素。

香港迪士尼的建設中，建設者諮詢了當地的風水專家，按其建議將前門的角度轉動了 12 度。風水專家說，這樣能保證公園的興旺；迪士尼還將從火車站到正門的道路設計成彎曲狀，保證積極的能量或「勢」的流動不會從入口滑過而進入外面的海域；收銀臺靠近角落或沿著牆邊設立，這樣會增加財富。公司還在完成每一棟建築後祈福，並且擇吉日開張。公園的一個主要的舞廳是888平方公尺，因為八在中國文化中是一個吉利的數字。因為中國人認為四是不吉利的，因此，在飯店電梯裡你不會發現第四層的按鈕……

中國的風水文化在住房、家具中有廣泛應用，五行生剋在企業管理、人與人之間的合作中都有表現。中國的年輕人大多不在意也不相信風水周易之說，但是，年紀大了之後，倒越來越相信某種神祕的力量、命運的安排，越來越相信風水之說了。

人性的複雜性決定了行銷的複雜性

人性是複雜的，人性的複雜性決定了行銷的複雜性。

什麼是人性？人性就是人類最原始的欲望。天主教有人的七宗罪：貪婪、嫉妒、傲慢、暴怒、懶惰、暴食、色欲。中國古言：人之初，性本善。當然，關於人性本善還是本惡的觀點一直在爭論，而我更認同臺灣大學傅佩榮教授「人性向善」的觀點。

行銷和人性相關，人們的需求來自欲望，來自人性。行銷和品牌，都是為了滿足人類的需求和欲望。符合人性的行銷與價值，能夠長久的生存下去；而違背了人性的行銷，終究是走向滅亡的。

某品牌玫瑰花，購買的人需要用真實姓名註冊，只能輸入一個戀人的名字，意味著，一個男人，一生只能送給一個女人，寓意一生唯一真愛。這裡的玫瑰花價格從 399 元人民幣到 999 元人民幣、1,999 元人民幣、3,999 元人民幣不等。

玫瑰花承載的是愛情，還有什麼？天價玫瑰花，滿足的是誰的欲望？男人還是女人？滿足了什麼？

如果你是賣玫瑰花的，你打算怎麼賣？打算賣給誰？誰是你的目標消費者？

在分析消費需求的時候，我們常常引用馬斯洛的需求層次理論。人類的需求是有優勢選擇的。實際上，馬斯洛需求理論之所以被廣泛接受，是由於它是植於人性的，是人性的一部分。所以，行銷理論研究消費者心理和行為，實際上和研究人性是不可分的。我們研究消費者心理，尋找目標消費者，進而研究產品、研究行銷行為，都是植於人性之上的，離開人性談品牌，離開人性談創意，都是無源之水，無本之木。

馬斯洛在他的理論中還提出了「類本能」和「優勢需求」的概念。「類本能」的意思是類似的、相像的、相近的本能。他提出，人們的基本需求是一種類本能，這意味著它在先天上有人種遺傳的基礎，但它的表現和滿足要取決於後天的文化和環境。這也顯示了人類基本需求的滿足具有很大的可塑性，需求和需求之間的關係也具有很大的可塑性。

「優勢需求」的概念很重要。在對一些消費者需求的理解上，有人會理解為只有當最基本的需求滿足後，才能夠產生更高階的需求。比如，在社會物質貧乏的時代，某些掙扎在貧窮線上的人，必須在生理需求、安全需求、歸屬和愛的需求滿足後，才能產生自我實現的需求。如此解釋，如何理解曹雪芹在貧窮潦倒中歷盡十年艱辛寫出傳世著作《紅樓夢》？如何理解華彥鈞（瞎子阿炳）在流浪苦難中創作出《二泉映月》？

優勢需求的含義是人會同時存在多種基本需求，但是在不同的條件下，各種基本需求對人的行為的支配力是不同的。在所有的基本需求中，在某個階段或條件下對人的行為具有最大支配力的需求，就是優勢需求。

即使是「優勢需求」的概念，也不能解釋如上所述的曹雪芹、華彥鈞這些特殊的人。這就是人性的複雜性。但在行銷領域，在研究消費者心理方面，馬斯洛的需求層次理論具有相對的規律性。

根據需求層次理論，我們大致可以對消費者進行分類研究，目的是為自己的產品和品牌找到合適的消費族群，能夠和品牌的定位相吻合。更恰當的說，是為品牌找到合適的消費族群，在合適的通路透過合適的傳播吸引目標族群的關注。

科學研究顯示，人的左腦是理性思維，所有的數字、邏輯和倫理道德都在左腦；右腦是感性思維，所有的形狀、色彩、情緒和情感都在右腦。

無數案例顯示，很多理性思維、邏輯關係遇到令人震撼的感性事物或情感影響，就很容易失去方寸，甚至不攻自破。

顧客的選擇越來越感性。如今，顧客無論想買什麼東西，都有豐富的選擇餘地。越是大眾化的產品越是如此。這就讓消費者變得更加感性，購買商品的標準從「品質」轉向「喜歡」。喜歡則買，不喜歡則不買。

因此，在市場上，往往愉悅驅動功能，感性驅動理性。一個好的產品要想賣得好，就必須在產品的愉悅特徵上多下工夫，與顧客進行情感溝通，在他們的右腦裡占據一席之地才行。

香奈兒，人性行銷經典

1914 年誕生的香奈兒品牌，以時尚、優雅、奢華成為法國乃至世界上流社會女人最推崇的品牌。香奈兒品牌伴隨著它的創始人 —— 香奈兒小姐一生的傳奇故事，一百年來被人們津津樂道。在崇尚浪漫、時尚的法國上流社會，香奈兒把女人與人性、香水與時裝緊緊纏繞在一起，無論男人還是女人，面對香奈兒品牌的誘惑，都無法抵擋它散發的人性的魅力。

法國巴黎，一個充滿欲望的城市，遊艇、賽馬、舞會、賭場、豪華名車、紳士和漂亮的女人。香奈兒一直在觀察和思考，這些上流社會的漂亮的小姐、貴婦人，她們想要什麼？她們怎麼做才能成為上流社會裡最出風頭、最引人注目的女人？還有，那些富有的紳士，他們要怎麼做才能夠討得女人的歡心？

香奈兒得到了答案——那些讓人心醉神迷的香水，還有優雅獨特、細節完美、奢華無比的香奈兒服裝，小套裝上的鑽石胸針，圍巾上的高級珍珠，鑲嵌了紅寶石的水晶手鐲。最重要的是，那些香水和服飾是普通大眾陌生的，望塵莫及的，只有少數人有資格享用的。這些昂貴奢華的物品滿足了上流社會的虛榮、尊貴與頤指氣使。

1929 年的「黑色星期四」幾乎動搖了整個西方社會的經濟。

1929 年 10 月 24 日，紐約證券交易所股票價格雪崩似的跌落，人們歇斯底里的拋售股票，整個交易所大廳裡迴盪著絕望的叫喊聲。這一天成為可怕的「黑色星期四」，並觸發了美國經濟危機。

一夜之間，「繁榮」景象化為烏有，全面的金融危機接踵而至：大批銀行倒閉，企業破產，市場蕭條，生產銳減；失業人數激增，人民生活水準驟降；農產品價格下跌，很多人瀕臨破產。一場空前規模的經濟危機終於爆發，美國歷史上的「大蕭條」時期到來。幾乎在一天內，海關貨物進出額的下降駭人聽聞，奧地利最大的銀行倒閉，英國關閉了證券交易市場，整個歐洲風雨飄搖。

難以置信的是，在這樣經濟大蕭條的時期，香奈兒經過短暫的調整，以更隆重的「皇家規格」重新崛起。「二戰」的炮火摧毀了法國人民安定的生活，到處是廢墟和驚魂不定的人們，香奈兒也遭受了危險的局勢。四年後的 1945 年，德國宣布無條件投降，法國終於安寧了。廢墟上建立起來的不僅是新的城市，還有香奈兒，再次成為人們心中不滅的夢想。香奈兒已經和人性緊密連接起來，它點燃了人性深處不滅的渴望。

潛意識影響消費者做決定

潛意識，是相對人的主觀意識而言。顧名思義，潛意識通常指一個人意識不到但確實存在的內在的精神領域。現代心理學已達成這樣一個共識：自我所意識到的一切，並不是精神世界的全部，相反，意識只是精神世界的冰山一角。佛洛伊德有過這樣一個比喻：意識是浮在海平面上看得見的冰山的上端，更龐大的部分隱藏在水面下看不到，這就是潛意識的內容。個人甚至也不是自己思想的主人，人更多是受內在的潛意識的作用，並不那麼自覺的行動。意識從潛意識分化而來，潛意識相當於意識的源泉，它一直是我們賴以生存的重大根基。儘管你也許覺察不到，每個人都是意識與潛意識共同協調作用的統一體。潛意識是一個人更內在、更深刻的自我，它包含著數百萬年來的智慧。

在走進辦公室時，如果看到桌上擺著個公事包，人們往往會表現得更有競爭性；如果牆上掛著一幅圖書館的畫，他們說起話來會低聲細語一些；如果你能隱隱約約的聞到一股清潔劑的味道，你會下意識的把桌上的東西收拾得整齊一點……而且你完全不會意識到，你的所作所為正由這些微不足道的事物影響著。

關於人類特性的一個基礎性定義便是：人是一種理性的獨立個體，行為由自己的意識所決定。但最近，一些心理學家透過大量的研究發現，人類的行為和決定被無意識的想法深深影響著，而這些想法又很容易被當前的感知所動搖。

荷蘭烏德勒支大學的卡斯特（Ruud Custers）和阿特斯（Henk Aarts）教授發表了一篇評論。他們舉出了大量例證，闡明了人類的「潛意識」有著多麼強大的力量。「人們的行為通常是為了實現自己所期待的結果。因此他們相信，是意志在決定著自己的行為。但是，世上並不只存在有意識的意念。在更多情況下，我們是在自己都不知道想做什麼的情況下做出行動的。」

這些無法察覺的外界刺激，不僅影響著人們的舉動，同樣還影響著人們的欲望。在卡斯特和阿特斯引用的一項研究中，參與實驗的學生們在螢幕上會看到一系列沒有明確意義的詞語、填字遊戲、七巧板等。有些人的螢幕上還會迅速閃過一些只能靠下意識去分辨的詞語。這些詞語總是跟積極正面的場景連結在一起，比如沙灘、朋友和家庭。隨後，當學生們拿到一份打亂的拼圖時，接觸過積極詞語的那些人會完成得更努力，時間也更長，同時也比另一組人更加興致勃勃。

同樣的技巧也可以用來鼓勵人們多喝水，如果人們面對的字眼都跟「喝」有關，他們會不自覺的多喝水。而當人們眼前閃過戀人的名字，或是與「關照」有關的詞時，他們會對他人做出更友善的回應。換句話說，人們常常根本意識不到自己為什麼需要某些東西，或到底需要的是什麼。

種種研究顯示，無意識的影響往往是透過有意識的感知進行的。比如，坐在硬椅子上的人在買車殺價的時候會顯得更無情；當人手捧一杯熱咖啡的時候，他會比拿著杯冰可樂時更傾向於認為別人慷慨友善；如果應徵者手中拿的履歷是夾在厚實的文件夾裡，面試官會認為這個應徵者比拿著輕飄文件夾的人更認真。

卡斯特的研究證明了，許多暗示性的廣告手法從心理學角度看是非常有效的，儘管有些國家對這種廣告明文禁止。比如說，飲料商總會讓汽水在海灘、朋友等積極熱情的場面中出現。如果你不斷的重複看到這些廣告，它就會在你腦中形成一個關聯。然後，你的潛意識可能會突然決定：我需要來杯可樂。

其實，潛意識對於人們的日常生活來說是個必不可少的生存工具，甚至比有知覺的意識更重要。有人認為，潛意識才是所有認知體系的基礎。「生活中有太多事情需要做決定，如果沒有這種潛意識去自動處理它們，我們隨時都會被壓垮的。」在卡斯特看來，人們的意識有時就像一個漂浮在宇宙飛船中的遊客，很難被控制住，這正是讓人覺得無助的地方。「我們最好對自己的潛意識有足夠的信心。總的來說，它們還是能夠辨別我們的真正需求的，也能引領我們往正確的方向走。」

對市場要有敬畏之心

2013 年，娃哈哈進軍白酒行業。11 月 5 日，杭州娃哈哈集團在北京召開新聞發表會，董事長兼總經理宗慶後正式宣布進軍白酒行業。一款以貴州茅台鎮為原產地的醬香型白酒「領醬國酒」正式宣布上市。娃哈哈進軍白酒，當然是希望憑藉其資金和網路優勢銷售白酒產品，且不談飲料通路適合不適合白酒的銷售，先看看娃哈哈是如何為這款白酒定位的。

在 2013 年 11 月 5 日新產品發表會上，在談及「領醬國酒」的消費市場定位時，宗慶後介紹，其零售價定在 400 元人民幣左右，定位於中高階消費族群。他告訴記者，「喝完不傷肝」這句廣告宣傳語是其親自定奪，賣點就在「不傷肝」。

產品的賣點也是提供給消費者的價值。我們可以分析出，此款白酒產品的品類定位：醬香型白酒。儘管娃哈哈略施小計，品牌名稱為「領醬國」，在包裝上加上「酒」字，便成了「領醬國酒」，希望給消費者「國酒」的錯覺。但是，中國的國酒只有一個：茅台。這是任何文字遊戲都不能改變的心理認知。

領醬國酒的價值定位便是：不傷肝。你相信嗎？

有研究說，白酒每喝醉一次，相當於得了一次急性肝炎。儘管不一定是科學論斷，至少說明喝多了白酒對肝臟不利。那麼就要問了，領醬國酒喝多少不傷肝？如果不小心喝醉了，會不會傷肝？

除非領醬國酒不是白酒，或者是成分特殊的白酒。這是在和消費者已有的認知展開較量。要改變消費者這樣根深蒂固的廣泛認知，無異於期望早晨打開自家的窗戶，外面的天空因之變了顏色。

無論是大企業還是小品牌，如果不能按照市場規律做事，如果一開始策略方向就錯了，即使有鉅額的資金、驚天動地的公關、燒錢砸出的廣告，結果也無濟於事！

案例分享

案例　拜爾：再造屬類切割市場將紅海放在藍碗中

石膏板行業競爭激烈，中小企業或被吞併，或倒閉；大企業壟斷行業，體大量小利潤低，經銷商不賺錢，不願意賣。拜爾作為民營企業代表，必須進行價值再造，換個跑道衝入行業第一品牌陣營。

技術升級再造屬類，帶動價值升級。拜爾將石膏板市場切割為傳統石膏板與定位點石膏板。同時塑造拜爾「創領第二代石膏板」品牌認知，打造專業技術形象，成為新屬類行銷最大受益者，帶動品牌價值升級。

關注工程品質，找準痛點再造市場。為新屬類找到切入市場的利器，首先瞄準工程裝修市場，訴求「工程品質大如天，關鍵就看這一點」，危機訴求和前景訴求並用，再造行銷市場。

第二代定位點石膏板全新上市，洞察市場細分先機，規劃家庭裝修和工程裝修兩大系列，分通路招商。一品多牌＋單品牌招商＋屬類授權，策略並用，成功實現新屬類產品涵蓋，石膏板市場處處顯現「定位點」。

案例　麗馳電動汽車：以深層次需求再造價值打造行業品牌影響力

從 2014 年開始，中國微型電動汽車行業由導入期進入快速成長期，有著龐大的剛性需求以及潛在需求消費群。麗馳電動汽車初入行業，如何整合資源，滿足消費者需求，進行價值再造，打造高價值品牌形象，成為企業的策略核心。

利益概念化，再造價值。基於消費利益需求進行概念化價值再造，打造高價值品牌形象。外形時尚科技、方便出行、安全舒適等因素是消費者對微型電動汽車的需求，麗馳電動汽車攜手國際大師原創設計，時尚個性的設計理念引領行業；時尚個性引關注，安全內涵提品質，以先進的科學技術打造「九衛安全盾」概念，滿足消費者安全需求，提升品牌價值度。

麗馳電動汽車憑藉時尚的產品設計和國際品質標準，立足「時尚、安全、智慧」核心價值，運用「造勢搶位、高喊低打，模式創新、通路為王」的企業競爭策略，從2014年到2015年，銷售通路迅速成長，突破五百家，品牌影響力進入行業前三。

後記

從定位到雙定位：百年行銷理論變遷

自市場行銷出現以來，西方市場行銷學者就從整理和局部角度及發展的觀點對市場行銷下了不同的定義。美國市場行銷協會（AMA）於 1985 年對市場行銷下了更完整和全面的定義：市場行銷是對思想、產品及勞務進行設計、定價、促銷及分銷的計畫和實施的過程，從而產生滿足個人和組織目標的交換。

從定義來看，可以明晰了解，市場行銷是研究供應者與需求者之間的事。所謂行銷理論是從觀念、理念到邏輯和系統方法，隨市場環境的變化不斷演進，可以理解為無所謂對錯，符合當時背景的、能解釋現象、能解決問題的、被普遍接受和認可的，就是「對」的，所以大家不必拿任何大師的理論當聖經。

市場行銷學於二十世紀初期產生於美國。幾十年來，隨著社會經濟的發展，市場行銷學發生了根本性的變化，從傳統市場行銷學演變為現代市場行銷學，其應用從營利組織擴展到非營利組織，從中國擴展到國外。

市場行銷理論萌芽於 1920 年，這一時期，各主要資本主義國家經過工業革命，生產力迅速提高，城市經濟迅猛發展，商品需求量亦迅速增多，出現了需過於供的賣方市場，企業產品價值實現不成問題，出現了一些市場行銷研究的先驅者。這一階段的市場行銷理論與企業經營哲學相適應，即與生產觀念相適應。其依據是傳統的經濟學，是以供給為中心的。

從 1920 年到 1950 年代，市場行銷學逐步發展形成，真正成為一門學科而獨立出來是在 1960 年。

一、市場行銷管理的基礎

菲利普· 科特勒先生對於行銷的最大貢獻，是讓行銷成為一門系統的學科，將企業定義為首先是一個行銷組織，並發展了 4P 行銷理論。

該理論的核心思想是以市場為導向，以需求為中心，不是以生產為中心，也就是所謂的「行銷」的思想，可以用圖 1 來表示。

圖 1　菲利普· 科特勒：市場行銷基礎（▬）

這種行銷的思想影響極大，菲利普· 科特勒先生以此為基礎，不斷完善和發展，吸收百家之長，最終形成了一個大的系統，目前仍被廣泛學習和接受。

二、USP 理論

USP 即獨特的銷售主張（unique selling proposition），表示獨特的銷售主張或「獨特的賣點」，是羅瑟· 瑞夫斯在 1950 年首創的。

隨著科技的進步，企業能生產出各式各樣、各種功能特點的產品，消費者難以區分記憶和選擇接受。如何讓消費者接受呢？萬綠叢中一點紅，我只傳播最獨特的那一點，可以用圖 2 中紫色的一個箭頭表示。

獨特的銷售主張（USP）是廣告發展歷史上，最早提出的一個具有廣泛影響的廣告創意理論。

圖 2　羅瑟· 瑞夫斯：USP 理論（▬）

三、品牌形象理論

品牌形象論是大衛・奧格威在 1960 年中期提出的。

隨著市場供給的變化，消費需求也發生極大的變化，從有形的產品功能需求到更多的心理需求。

品牌形象論的核心是消費者的選擇不僅針對產品本身，而是對整個企業及品牌的形象的感知，「認知大於真相」，消費者購買時追求的是「產品實質價值＋品牌心理價值」（見圖 3）。

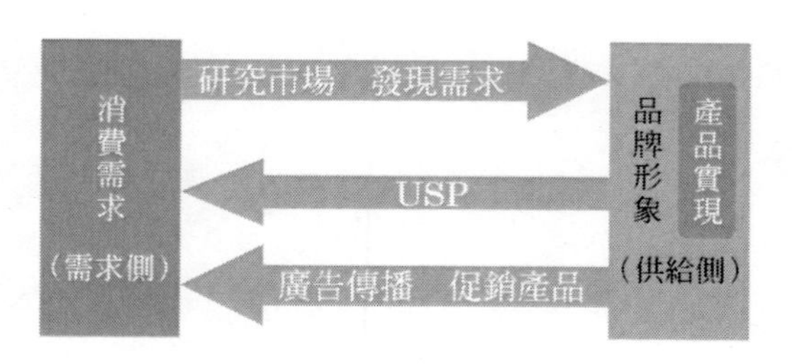

圖 3　大衛・奧格威：品牌形象理論（▇▇▇）

品牌形象論通常被認為是廣告創意策略理論中的一個重要流派。

四、市場細分理論（STP）

市場細分的概念最早是美國行銷學家溫德爾・史密斯在 1956 年提出的。此後，菲利普・科特勒進一步發展和完善，並最終形成了成熟的 STP 理論（市場細分 segmentation、目標市場選擇 targeting 和市場定位 positioning）。

STP 理論是策略行銷的核心內容，其根本要義在於選擇確定目標消費者或客戶。

根據 STP 理論，市場是一個綜合體，是多層次、多元化的消費需求集合體，任何企業都無法滿足所有的需求，企業應該根據不同需求、購買力等因素把市場分為由相似需求構成的消費群，即若干子市場（見圖 4）。

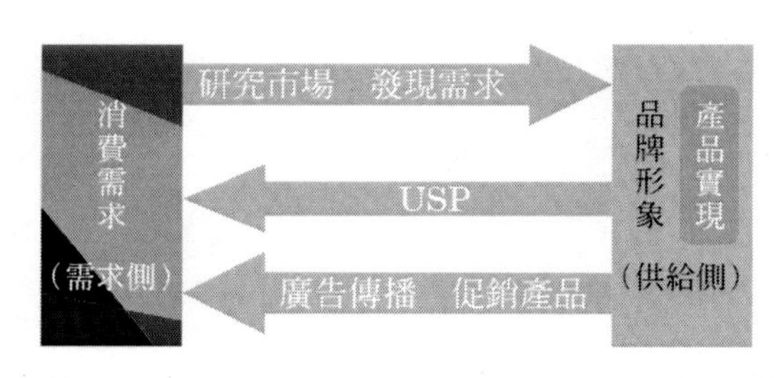

圖 4　菲利普・科特勒：市場細分理論（STP）（■■■）

五、定位理論

定位理論是艾・里斯和傑克・特勞特於 1972 年提出的。

定位理論的出發點是占領消費者的「心智資源」。商家可以透過「定位」來高效率的創建並傳播品牌，從而獲得預期的利益。定位的精髓在於，把觀念當作現實來接受，然後重構這些觀念，以達到商家所希望的境地（見圖 5）。

定位理論本質上是對行銷觀念的一種背離。因為市場行銷觀念所強調的是顧客的主導地位，它認為只要滿足了顧客需求，產品就可以實現自我銷售。而定位理論則恰恰相反，它更強調行銷者的主導作用，強調不要在產品中找答案，而是要「進軍消費者大腦」，這顯然是一種觀念上的反叛。

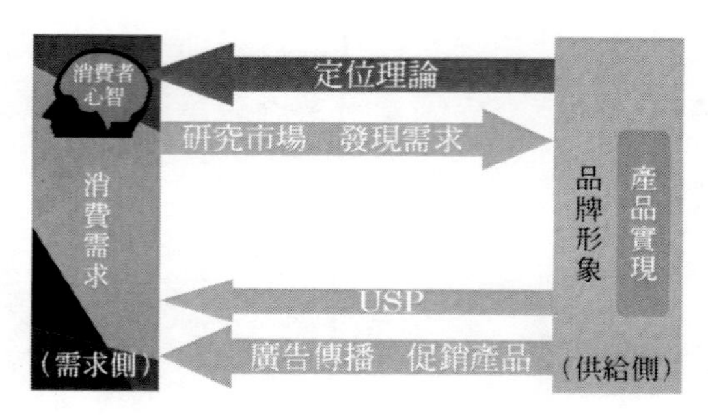

圖 5　特勞特：定位理論（▬）

六、整合行銷傳播

整合行銷傳播（IMC）是唐・舒茲在 1990 年提出的。

整合行銷傳播的核心思想是將與企業進行市場行銷有關的一切傳播活動一元化，「用一個聲音說話」。

整合行銷傳播一方面把廣告、促銷、公關、直銷、CI（企業識別）、包裝、新聞媒體等一切傳播活動，都涵蓋到行銷活動的範圍之內；另一方面則使企業能夠將統一的資訊傳達給消費者（見圖 6）。

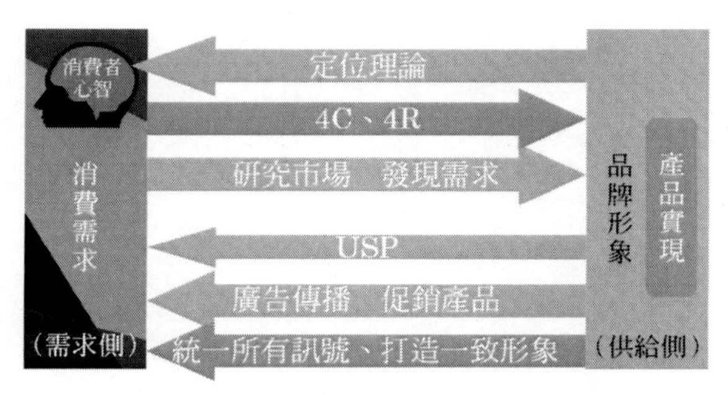

圖 6　唐・舒茲：整合行銷傳播理論（▇▇▇）

整合行銷傳播的開展，是 1990 年市場行銷界最為重要的發展，整合行銷傳播理論也得到了企業界和行銷理論界的廣泛認同。整合行銷傳播理論作為一種實戰性極強的可操作性理論，在中國得到了廣泛的傳播，並一度出現「整合行銷熱」。

二十世紀行銷理論是主流的傳統行銷理論

傳統的市場行銷學認為：顧客是「當之無愧」的市場主導。在這些理論中，滿足顧客需求被看成行銷的「目的」，商家的生產與銷售活動都應當圍繞此目的來進行，只要產品或服務滿足了顧客需求，行銷的目的就已經達到了，因為適合顧客需求的商品會理所當然的得到市場的熱烈回應而自行銷售出去。

因此，顧客及其需求主導著賣方（銷售者與競爭者）的全部市場行為，由此可見，顧客是市場無條件的主導者。

事實上，顧客需求是不確定的，更糟糕的是，顧客並不清楚也不想弄清楚自己到底需要什麼，而且消費者的需求是隨著環境條件的變化不斷變化的，消費者之間相互影響，消費者與生產者互動互生。

因此，許多根據「誰也弄不清楚的顧客需求」制定的行銷策略都以失敗告終。

新經濟時代必須創新行銷理論

首先，技術創造價值，隨著高新技術的發展，新產品能夠滿足消費者的更多欲望，滿足消費者想都想不到的需求。也就是說，隨著技術的發展，新產品可以由企業先生產出來再引導消費製造需求；很多新概念產品是透過概念的引導而創造出需求，在產品出來之前是沒有需求的。

其次，網路時代，資訊極大的影響著人們的生產、消費和生活，甚至可以左右人們的選擇。什麼是好的？什麼是有價值的？不是消費者自己想的，而是在外界資訊的影響下產生的，是可以用一定的傳播手段打造出來的，企業是可以影響並傳遞給消費者的。

七、品類策略理論

品類策略是由「定位」理論創始人之一艾· 里斯最早提出的。

品類策略提出企業透過掌握趨勢、創新品類、發展品類、主導品類建立強大品牌的思想，透過分化品類、創新品類來占領消費者心理、建立品牌。

品類策略顛覆了傳統品牌理論強調傳播、以形象代品牌、以傳播代品牌的誤區，為企業創建品牌提供了切實有效的指引(見圖 7)。

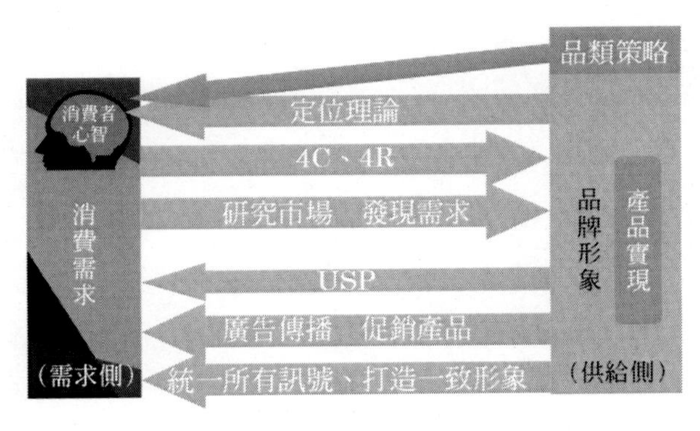

圖 7　艾・里斯：品類策略理論（▬）

八、藍海策略理論

2005 年，歐洲管理學院的金偉燦和莫伯尼教授提出了「藍海策略」。

藍海策略提出，企業要開創無人爭搶的市場空間，超越競爭的思想範圍，開創新的市場需求，開創新的市場空間，經由價值創新來獲得新的空間（見圖 8)。

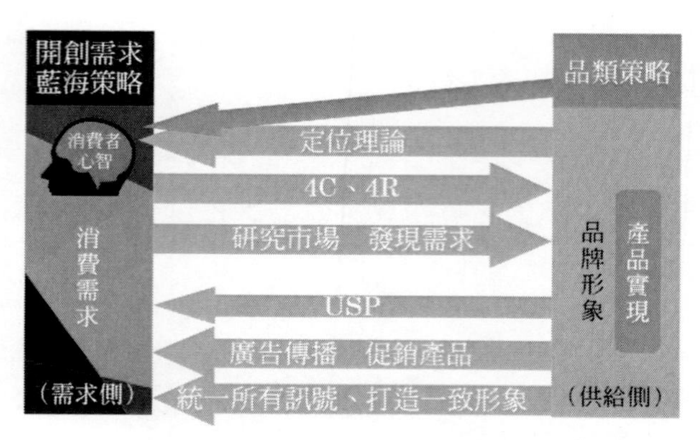

圖 8　金偉燦、莫伯尼 —— 藍海策略理論（■■■）

九、雙定位理論

雙定位理論產生於技術飛速進步的網路時代。雙定位理論認為：新經濟時代，產業發生了根本性的變革，產業創新、產業升級帶來了產業邊界、商業生態的變革；品牌策略要用創新性的思維開創全新的屬類，滿足不斷升級的消費需求，並以全新的屬類和價值再造消費者心理，而不僅僅是搶占消費者原有的心智（見圖 9）。

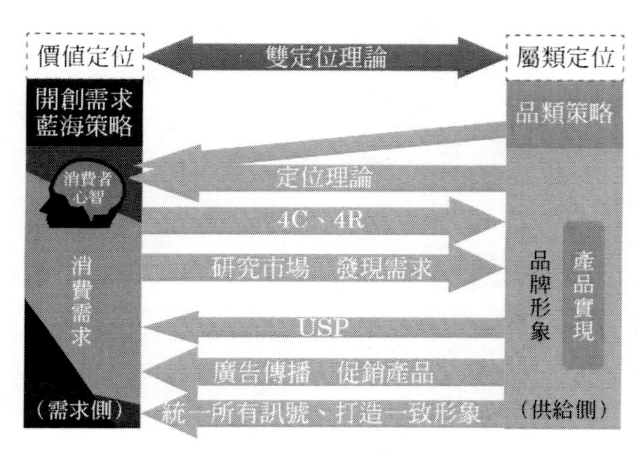

圖 9　雙定位理論（▬▬）

雙定位理論對品牌策略的思考從供給側開始，將企業的創新和突破與屬類定位結合起來。供給側的升級和創新在行銷上的表現，重要的是透過新屬類展現出來。從支付寶到微信、從零售到新零售、從共享經濟到分享經濟、從大數據到黑科技、從跨界到融合……都是新經濟環境下出現的全新屬類，正是這些全新的屬類，為世界帶來全新的衝擊和震撼，一次次衝擊和刷新人們的心智，再造消費者心理。

雙定位理論的核心是：成功的品牌必須在消費者的心中成功占據兩個位置，即屬類定位（你是什麼）和價值定位（我為什麼要買你）。雙定位是雙向的鎖定關係，缺一不可，只有屬類定位而無價值創造則無意義；相反，如果只有價值定位而無屬類定位的創新則無根源，無法得到信任。

圖 10 將近百年來重要的行銷理論的精髓進行了整合。

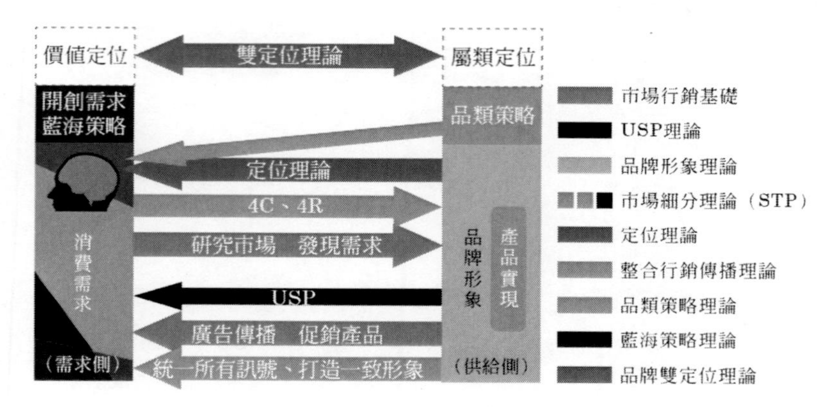

圖 10　行銷理論精髓整合

再次強調，行銷理論是從觀念、理念到邏輯和系統方法，隨市場環境的變化不斷演進，大家不必拿任何大師的理論當「聖經」。只有符合當時背景的、能解釋現象、能解決問題的理論，才是我們要學習和研究的。

電子書購買

國家圖書館出版品預行編目資料

雙定位：中國新經濟下的企業轉型危機 / 韓志輝, 雍雅君著 . -- 第一版 . -- 臺北市：崧燁文化事業有限公司, 2022.03
面； 公分
POD 版
ISBN 978-626-332-054-3(平裝)
1.CST: 品牌 2.CST: 品牌行銷 3.CST: 企業經營
496.14 111000873

雙定位：中國新經濟下的企業轉型危機

作　　者：韓志輝，雍雅君
發 行 人：黃振庭
出 版 者：崧燁文化事業有限公司
發 行 者：崧燁文化事業有限公司
E-mail：sonbookservice@gmail.com
粉 絲 頁：https://www.facebook.com/sonbookss/
網　　址：https://sonbook.net/
地　　址：台北市中正區重慶南路一段六十一號八樓 815 室
Rm. 815, 8F., No.61, Sec. 1, Chongqing S. Rd., Zhongzheng Dist., Taipei City 100, Taiwan
電　　話：(02)2370-3310　　**傳　　真**：(02) 2388-1990
印　　刷：京峯彩色印刷有限公司（京峰數位）
律師顧問：廣華律師事務所 張珮琦律師

定　　價：299 元
發行日期：2022 年 3 月第一版

臉書

蝦皮賣場